中等职业教育农业部规划教材
2014年全国中等农业职业学校优秀教材

雷　阳　主编

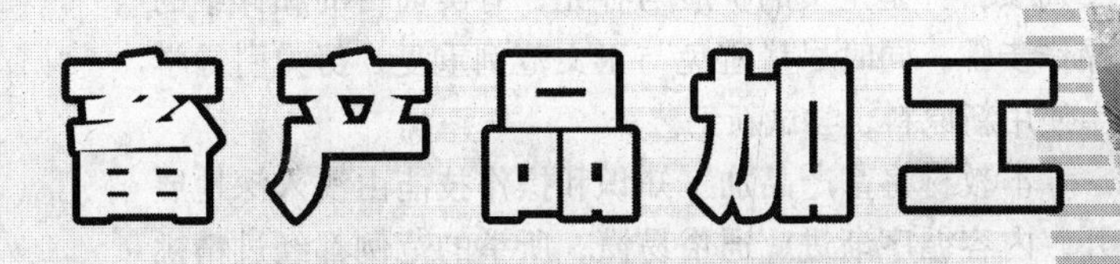

畜牧兽医类
食　品　类　专业用

中国农业出版社

内容简介

本教材共分10章，主要讲述了肉、乳、蛋的成分与理化性质、质量标准及品质鉴定方法和肉、乳、蛋制品的工艺原理、生产技术、贮藏保鲜方法等，同时介绍了大量经典、热销、有代表性的畜产制品的配方、工艺和操作技术。本教材与行业发展接轨，有关工艺操作和配方符合《肉制品产品质量监督抽查实施规范》(CCGF—113—2008)、《蛋制品卫生操作规范》(GB/T21710—2008) 和《食品添加剂使用卫生标准》(GB 2760—2007) 等最新标准，引入了洁蛋、调理肉制品、三段法乳粉加工等新概念、新技术。书后有实训指导，安排了17个实训项目，每一个实训项目都是正文的扩展与补充，有实训目的和详细的操作步骤，同时尽量避免与正文范例重复，努力引导学生使用新原料、尝试新工艺。

本教材将畜产品加工知识和操作技能由浅入深地展开，内容循序渐进、通俗易懂；所举的范例都经过精挑细选，做到有较强的代表性和针对性，既介绍了基本的理论知识，又突出了较强的操作技巧。

本教材可作为中等职业学校畜牧兽医、农产品加工、食品加工等专业教学用书，也可作为畜产品企业技术人员和生产者的参考书。

编审人员

主　编　雷　阳（贵州省畜牧兽医学校）

副主编　胡卓敏（河北省邢台市农业学校）

参　编　樊晓艳（山西省畜牧兽医学校）

钟　韬（广西柳州畜牧兽医学校）

刘龙勇（贵州省畜牧兽医学校）

审　稿　杨士章（江苏畜牧兽医职业技术学院）

谭书明（贵州大学）

王玉田（辽宁医学院食品科学与工程学院）

前言

“十一五”期间，我国畜产品加工业将实现初级加工为主向精深加工为主的转变，将呈现规范化、一体化、规模化生产发展格局，需要大量畜产品加工技能型人才。为此，中国农业出版社根据农业部人才培养规划，组织编写了中等职业教育农业部规划教材《畜产品加工》。

本教材紧紧围绕培养技能型、服务型的高素质劳动者这一目标，尽量适应中职学生年龄特点，突出职业教育应用能力的培养，突出实用性和先进性，力求与行业发展接轨。在编写中参照了 2008 年 10 月 1 日实施的《肉制品产品质量监督抽查实施规范》(CCGF—113—2008)、2008 年 6 月 1 日实施的《食品添加剂使用卫生标准》(GB 2760—2007) 和 2008 年 11 月 1 日实施的《蛋制品卫生操作规范》(GB/T 21710—2008) 等最新标准，介绍了乳、肉、蛋贮藏、加工、添加剂等方面内容，引入了行业的新材料、新技术。本着基础理论适度够用的原则，不讲过深的理论、不涉及不常用的知识来介绍原料的成分、性质和基本原理。介绍各类产品的加工、贮藏基本理论和技术时，每一类产品举例讲述 3～5 个代表性产品的加工方法及操作流程。既介绍了基本理论，又突出了较强的操作技巧，还可举一反三，使学生熟练地掌握各类产品的操作。技能训练方面则着力于贴近就业岗位，培养学生的创新意识，引导学生使用新原料、尝试新工艺。教材力求理论与技能协调发展，尽量避免过于注重理论而忽视技能培

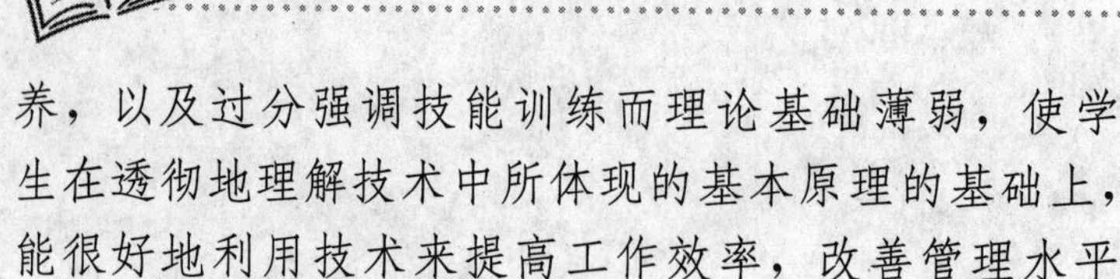

养，以及过分强调技能训练而理论基础薄弱，使学生在透彻地理解技术中所体现的基本原理的基础上，能很好地利用技术来提高工作效率，改善管理水平和服务水平，提高他们的创造性和灵活性。

本教材由雷阳主编，编写的具体分工是：绪论，第一、二、三、四章由雷阳、钟韬、刘龙勇编写，第五、六、七章由雷阳、樊晓艳编写，第八、九、十章由胡卓敏编写。实训指导由雷阳、胡卓敏编写。

本教材由杨士章、谭书明、王玉田担任审稿，在教材编写过程中，参阅了国内外众多学者的著作和论文，并得到了贵州省三联乳业有限公司的周国君高级工程师指导，提出了很多宝贵意见，在此一并表示诚挚的谢意。

由于编者水平有限，书中难免有错误和不足之处，恳请广大读者批评指正，以便修改完善。

编　者

2008年11月

目 录

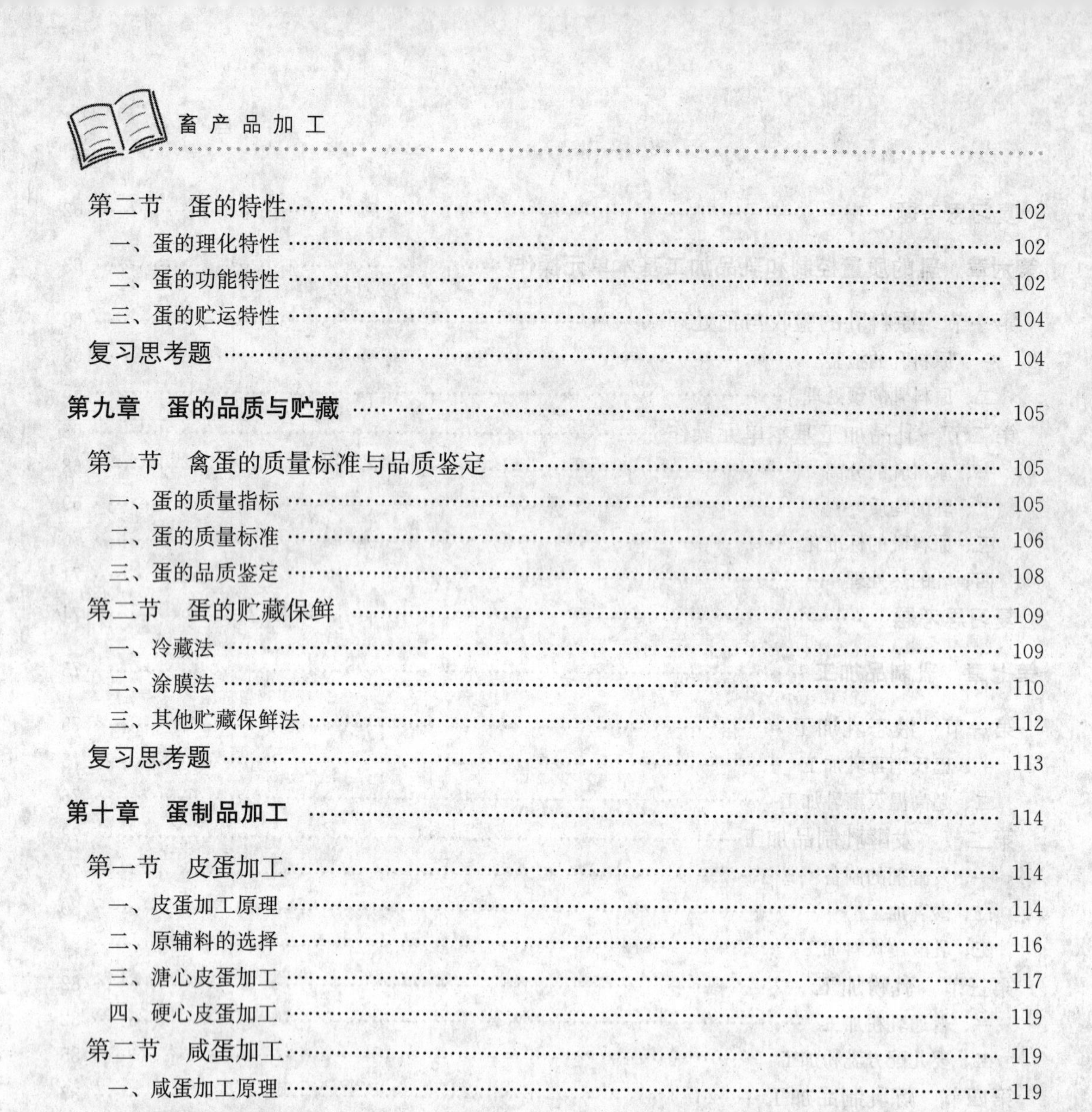

绪　论

畜产品加工是联系畜牧生产与人民生活需要的关键的、必不可少的中间环节，肩负着促进畜牧业发展和保障人民生活需要的双重重任。中国畜产品加工业发展极为迅猛，现代畜产品加工业工业体系已初具雏形。

一、畜产品加工的概念和内容

畜产品加工就是对畜牧生产所获得的产品进行人工处理的过程，而研究畜产品加工的科学理论知识和加工工艺技术的科学，就是畜产品加工学。

畜产品加工研究的范围很广，它以肉品、乳品、蛋品和畜禽副产品为对象，重点研究其原料品质、加工原理、加工技术和贮藏保鲜方法等。

二、畜产品加工业的现状及发展趋势

人类对畜产品的加工有悠久的历史。随着生产的发展和生活水平的逐步提高，人类对畜产品的利用也就更为普遍和多样化，出现了具有各种风土特色的畜产品加工方法和产品。随着社会的发展，人们对畜产品的需求也不断增加，加工生产的社会化和加工技术的不断改进逐步形成了现代规模的各种畜产品加工工业。

(一) 肉制品加工业的现状与发展趋势

我国从 1992 年起成为世界产肉量最大的国家，此后的十多年不仅一直保持着这个纪录，而且在全球肉类生产的份额不断上升。2006 年中国肉类总产量为8 051万 t，猪肉、羊肉、禽蛋产量名列世界之冠，其中猪肉产量占全球 45%。我国人均肉类占有量与发达国家相比，长期处于较低水平。2002—2006 年有了较大幅度的增长，从 2002 年的人均 52kg 增长到 2006 年的人均 61kg。2001—2005 年，肉类工业资产总额由 624.88 亿元增加到1 143.9亿元。

肉类消费以生鲜肉为主，热鲜肉、冷鲜肉、冷冻肉并存于市场。即食熟肉制品主要有腌腊制品、酱卤制品、烧烤制品、油炸制品、干制品、香肠、火腿等中式和西式制品，其中西式制品占份额的 40%以上，火腿肠产量达 80 多万 t，占肉制品产量的 30%以上，中国传统特色肉制品产量仍然很低。高品质的低温肉制品发展迅速，以 2001—2003 年为例，低温肉制品的产量由 164 万 t 增长到 235 万 t，占肉制品总产量的比例由 35.0%增长到 38.8%，已经成为肉制品中最主要的构成部分。

作为全球肉类产量最多、生产增长最快的国家，我国肉制品的加工量与巨大的生肉产量不太相称。欧美等西方发达国家工业化肉制品占全部肉类产量的30%～40%，我国只有10%左右，而且存在着中低档产品多而高档产品少、猪肉制品多而牛羊禽肉制品少、西式制品多而中式制品少，且中式肉制品的生产普遍为作坊式传统生产方式。

随着我国肉食品工业的迅速崛起，我国肉类消费发生了明显的结构变化。冷却肉经济、实惠、方便，深受消费者的欢迎，必将成为21世纪中国生肉消费的主流和生产发展的趋势；速冻调理肉食品既是开拓国内市场的消费热点，又是扩大出口的新的经济增长点，发展势头迅猛；中式肉制品正由传统的作坊制作向现代工厂化生产迈进，在保鲜、保质、包装、储运等方面获得突破，"老字号"重新焕发出新的生命力；西式肉制品以其鲜嫩、营养、方便、卫生等特点，将中式产品丰富多变的风味融于西式肉制品中，未来的发展空间很大。随着人们认识和生活水平的提高，高温肉制品的市场会逐渐缩小，低温肉制品将会对肉制品市场形成更大的冲击，并从根本上改变肉类产品结构和人们的消费习惯，低温肉制品将会成为我国肉制品未来发展的主要趋势。牛羊禽肉低脂肪、高蛋白，是优质的肉类产品，不仅是优质的肉类产品，而且是清真肉制品的主要原料，其消费量也将增加。"三低一高"（低脂肪、低盐、低糖、高蛋白）的保健肉制品的开发，已引起社会各界的重视。为了延长肉类的货架期和保质期，保证产品质量，研究生肉和低温肉制品的保鲜技术，是肉类生产中迫切需要解决的课题，具有现实意义。

（二）乳品加工业现状与发展趋势

中国乳业起步晚，起点低，但发展迅速。特别是改革开放以来，奶类生产量以每年两位数的增长幅度迅速增加，远远高于1%的同期世界平均水平。2006年全国奶牛存栏1 363.1万头，比1998年增长了2.2倍，年均递增15.6%；奶类总产量3 366.3万t，其中牛奶产量3 245.0万t，分别比1998年增长了351.6%和389.5%，年均递增均超过20%。2006年全国液体乳及乳制品制造行业实现累计工业总产值1 074.23亿元，比上年同期增长21.94%；全年实现累计产品销售收入1 041.42亿元，比上年同期增长22.5%；全年实现累计利润总额55.02亿元，比上年同期增长14.54%。

中国乳制品产量和总产值在最近的10年内增长了10倍以上，奶业成为我国食品工业中发展最快，成长性最好的产业之一。乳制品企业的规模和实力逐渐壮大，涌现出一批具有相当规模和技术水平的乳品企业集团，行业集中度逐年提高。我国政府对乳品加工业的发展非常重视，在国外先进技术设备的引进、国内乳品加工业科技成果的应用、开发新产品、筛选优良酸奶菌种、研究奶制品贮藏保鲜技术、建立乳制品质量标准体系、加强有效监管等方面开展了卓有成效的工作，极大地提高了乳品加工业技术水平，促进了乳品工业规模化、集团化发展。

我国乳品虽已有较快发展，但与乳业强国相比，在风味、品质、品种上差距比较大，2006年我国人均奶类占有量为21.7kg，尽管这一数字只是世界平均水平的1/5左右，是发达国家的1/12左右，但与10年前相比，年均增长率达14.6%。据统计，发达国家2001年酸乳上市的新品种有900多种，欧洲开发的乳制品品种占世界乳制品新品种的72%。而我国品种少，乳品产量中奶粉产量占70%，奶油的产量很小。液体奶消费仅局

限于大中城市，产量也很小，在液体奶品中，巴氏杀菌奶约占53.1%，保鲜奶约占29.9%，酸奶约占17%。而干酪这样的产品在国外都属大宗产品，在国内基本没有生产，尤其是深加工、高科技和高附加值的产品更少，不能满足市场需求。

随着世界市场的需求，研究开发新产品，特别是高附加值、高科技含量的绿色食品，集营养、保健、医疗于一体的新型乳制品已势在必行。目前，发达国家乳业发展趋势是多品种、多系列、多口味，液体乳、干酪和酸奶食品种类繁多；机械化水平高，如具有现代机械化奶站、液体乳无菌灌装和超高温杀菌及乳粉充氮包装设备。总体来看，低脂、低胆固醇、高蛋白、发酵制品及功能性乳制品猛增。2007年，奶酪占欧洲乳制品销售的50%。全球的乳制品市场预计在2010年达到3050亿美元，而且受产品增值、创新包装、贸易自由化等的影响，该值预计还会提高。在亚太地区，酸奶的销售增长迅速，而且在2001年到2010年内将是增长最快的市场。中国的乳制品消费市场会不断扩大并趋于成熟，巴氏杀菌乳和酸奶类产品将继续高速发展。

（三）蛋品加工业的现状与发展趋势

我国制蛋加工已有600多年的历史，改革开放以来，我国禽蛋行业发展迅速，产量大幅上升。从1985年起，我国连续20年禽蛋总产量居世界第一。我国劳动人民在很久以前就独创了五彩缤纷的松花皮蛋、油露松沙的咸蛋和醇香可口的糟蛋，在国内外享有很高的声誉，受到人们的欢迎。

2005年我国禽蛋产量为2879.5万t，占世界总产量的44.5%，人均占有量为18.5kg。与此同时，我国蛋品加工业初具规模，相关科学技术也取得了显著的进步，一些蛋品加工企业从国外引进了具有国际先进水平的专用设备，采用先进技术生产出了品质优良的禽蛋深加工产品，如冰蛋黄、冰蛋白、冷蛋粉、蛋黄粉、蛋白粉、溶菌酶等产品，且远销欧美。传统的再制蛋产量有较大增长、加工技术也有明显改进。蛋制品的品种逐渐增加，产品质量也有很大提高。我国也加大了对禽蛋的生产加工技术的研究，如开展脱铅代铅皮蛋、钾型皮蛋、保健鲜蛋、新型蛋品饮料、调味再制蛋、蛋液制品、蛋品罐头、鲜蛋保鲜贮藏、禽蛋中有效物质的分离和提取、蛋品质量检测方法与蛋品机械、禽蛋加工技术等方面的研究。

我国蛋品工业同国外发展情况相比，差距仍较大。主要表现在蛋品研究方面缺乏，对关键性技术和新产品、新工艺的重点研究。其次，蛋品深加工品种少，主要产品仍是鲜蛋、皮蛋、咸蛋、糟蛋等，其他蛋制品比例极低，品种很少，科技含量比较低。2006年，我国的蛋品加工业包括液态蛋，蛋粉和冷冻蛋白、蛋黄及全蛋等制品的加工量不足我国禽蛋产量的5%，而世界平均加工产量占世界蛋产量的10%，欧美发达国家更高，欧盟蛋品工业加工量占蛋产量的20%，美国占30%。

随着生活水平的提高，从国外经验及我国禽蛋发展趋势看，洁蛋的生产和消费是必然方向。液态蛋作为一种科技含量很高的蛋制品在先进国家早已普遍使用，不仅安全、卫生，使用也很方便，便于贮藏、运输、包装。随着经济的发展，我国无疑将成为液蛋加工的“未来之国”。另外，烹调蛋粉也是我国发展的一个方向。皮蛋、咸蛋、糟蛋、茶叶蛋、卤蛋等我国特有的传统蛋制品，应适应时代的进步和社会的发展，既要继承传统精华，又要融合现代食品加工技术，利用现代先进的加工设备，不断推动传统蛋品加工的技术创新，向无铅、无泥和小包装化发展。

（四）畜禽副产品加工现状及发展趋势

畜禽副产品是指对畜禽的毛、皮、骨、内脏、各种腺体、血液等大量的具有较高利用价值的副产物的加工，其加工所得产物主要用于生化制药、工业原料、饲料食品工业、纺织工业等。

我国毛皮工业已经从简单的作坊式生产逐渐形成门类齐全、技术工艺比较先进、生产规模不断壮大的完整工业体系。随着高新技术的发展，我国开始利用畜骨、蛋壳、血液等副产品生产高科技食品、药品。血液、脏器、乳清、皮、毛、骨等畜副产品将进一步向制药、饲料、食品、皮革、纺织等方向进行更深、更广的加工，其综合利用的附加值将进一步提高。

三、畜产品加工业在国民经济中的作用和地位

第一，发展畜产品加工业，能够促进农牧业发展，形成良性循环，使畜产品转化增值，从而促进畜牧业和种植业向优质、高效的方向发展，对促进农业产业化进程、发展农村经济具有重要的作用。

第二，畜牧养殖业将生产出来的肉、蛋、奶等初级产品和原料直接上市，处于廉价的地位。特别是这些产品多具有季节性、鲜活易腐性，经常出现生产中的大起大落，导致畜牧养殖业经济效益很低。因此，畜产品通过加工后再投入市场，经济效益能显著地提高。

第三，畜产食品营养丰富，能向人类提供自然界中最全价的优质蛋白。因而发展畜产品加工业，对于改善膳食结构和营养结构，提高人民生活和健康水平，增强综合国力具有重要意义。

第四，发展畜产品加工业，能起到调剂市场、均衡供应的作用，防止了畜产品的积压、浪费与损失，能很大程度地改善畜产品贮藏和运输的困难。

第五，发展畜产品加工业，通过对畜禽副产品的加工，能够综合利用，变废为宝，创造就业机会，提供致富途径。

四、与其他学科的联系及学习要求

畜产品加工是一门应用技术学科，它与畜牧业、食品工业、机械工业、纺织业、轻工业及医药工业有着密切关系。畜产品加工的基础知识范围十分广泛，包括生物学、物理化学、生物化学、营养学、微生物学、机械学以及和加工工业有关的学科。随着科学技术的发展，各学科的互相渗透，新技术的不断出现和应用，加工过程的机械化、自动化程度不断提高，畜产品加工学的广度和深度也在不断地发展。

畜产品加工主要叙述了乳品、肉品、蛋品加工与贮藏的基础知识和技能训练，学习本课程，要掌握畜产品加工岗位所必需的知识及操作技能，还需要认真学习新知识，开拓新领域，开发新产品，促进我国畜产品加工业的不断发展，为我国畜牧事业发展服务。

第一章

肉的组成与特性

学习目标

了解肉的形态结构；掌握肉的主要化学组成及肉的物理性状；掌握肉的成熟与变质过程。

第一节 肉的结构与主要理化性状

肉品工业生产中，肉是指经屠宰后的畜禽去除毛、皮、头、蹄、尾、血液、内脏后的肉尸，包括有肌肉、脂肪、骨骼或软骨、血管、神经、淋巴、腺体和筋膜、腱等。

一、肉的形态结构

从肉制品加工的角度，肉的形态结构分为肌肉组织、脂肪组织、结缔组织和骨组织四大部分。这些组织的构造和性质影响着肉品的质量、加工用途及其商品价值。

（一）肌肉组织

肌肉组织是肉的主要组成部分，占胴体50％～60％，可分为横纹肌、心肌、平滑肌。用于肉制品加工的主要是横纹肌，俗称之“瘦肉”或“精肉”。

构成肌肉的基本单位是肌纤维，肌纤维是由肌原纤维、肌浆和细胞核组成的细长的多核纤维细胞。每根肌纤维的外面包裹了一层结缔组织膜，每50～150根肌纤维外面包裹一层薄膜形成了一级肌束，再由数十个一级肌束集结，包裹稍厚的膜形成二级肌束，数个二级肌束集结，外包较厚膜就构成了肌肉。在肌束膜和肌外膜间分布着许多血管、神经、淋巴管和脂肪细胞。内外肌膜集结而与腱连接。在显微镜下可以看到肌纤维沿纵轴平行、有规则排列的明暗条纹，所以称横纹肌，见图1-1。

（二）脂肪组织

脂肪组织占胴体20％～30％，具有较高的食用价值。它是由退化的结缔组织和大量脂肪细胞聚积而成，其化学成分中，脂肪占绝大部分，其次为水分、蛋白质以及少量的酶、色素和维生素等。脂肪在活体组织内起着保护组织器官和供给能量的作用，是肉风味的前体物质。脂肪主要分布在皮下、腹腔内、肾脏周围、肌肉中。

(三) 结缔组织

结缔组织在动物体内分布极广，占胴体的9%～14%，是构成肌腱、筋膜、韧带、血管、淋巴、皮肤和神经的主要成分。结缔组织起到支持和连接器官组织的作用，使肌肉保持一定硬度和弹性。结缔组织由细胞、纤维和无定形基质组成。基质中主要成分是黏多糖，黏蛋白，少量的无机盐和水；纤维有胶原纤维、弹性纤维和网状纤维三种。

结缔组织中的各种蛋白质是非全价蛋白，影响肉的食用价值。动物体中结缔组织的多少与动物的品种、年龄、肥育状况和肌肉的部位等因素有关。

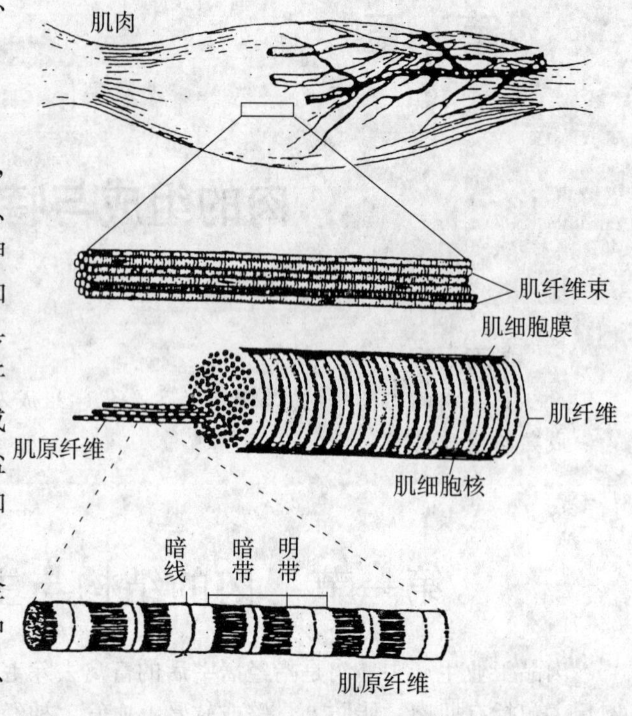

图1-1　肌肉结构模式图

(四) 骨组织

骨组织是肉的次要部分，食用价值和商品价值较低。骨由骨膜、骨质和骨髓构成。成年动物骨骼的含量比较恒定，变动较小。猪骨约占胴体的5%～9%，牛占12%～20%，羊占24%～40%，兔占12%～15%，鸡占8%～17%。

将骨骼用超微粒粉碎机制成骨泥，是肉制品的良好添加剂。由于骨中含有大量的胶原纤维，因此在工业上常用来生产明胶。

二、肉的化学组成及性质

肉的化学组成主要是指肌肉组织中的各种化学物质，包括有水分、蛋白质、脂类、碳水化合物、含氮浸出物及少量的无机盐和维生素等。动物肉的种类不同，其化学成分中也有明显差别，各种畜禽肉的化学组成见表1-1。

表1-1　畜禽肉的化学组成及热量

名称	含量（%）					热量(J/kg)
	水分	蛋白质	脂肪	碳水化合物	无机盐	
牛肉	72.91	20.07	6.48	0.25	0.92	6 186.4
羊肉	75.17	16.35	7.98	0.31	1.92	5 893.8
肥猪肉	47.40	14.54	37.34	—	0.72	1 3731.3
瘦猪肉	72.55	20.08	6.63	—	1.10	4 869.7

（续）

名称	含量（%）					热量 (J/kg)
	水分	蛋白质	脂肪	碳水化合物	无机盐	
马肉	75.90	20.10	2.20	1.33	0.95	4 305.4
鹿肉	78.00	19.50	2.25	—	1.20	5 358.8
兔肉	73.47	24.25	1.91	0.16	1.52	4 890.6
鸡肉	71.80	19.50	7.80	0.42	0.96	6 353.6
鸭肉	71.24	23.73	2.65	2.33	1.19	5 099.6
骆驼肉	76.14	20.75	2.21	—	0.90	3 093.2

（一）水分

水是肉中含量最多的成分，不同组织水分含量差异很大，一般动物肉中含水量约70%～80%。肉中水分含量多少及存在状态影响肉的加工质量及贮藏性。肉中水分存在形式大致可分为结合水、不易流动水、自由水三种。

肉中的结合水大约占水分总量的5%，分布在肌肉细胞内部；不易流动水存在于肌原纤维及膜之间，约占总水分的80%，肉的保水性能主要取决于此类水的保持能力；自由水存在于细胞间隙中，约占水分总量的5%。

（二）蛋白质

肌肉中的蛋白质含量为18%～20%，占肉中固形物的80%，依其构成位置和在盐溶液中溶解程度可分为肌原纤维蛋白质、肌浆蛋白质、肉基质蛋白质三种。

1. **肌原纤维蛋白质** 肌原纤维蛋白质占肌肉蛋白质总量的40%～60%，它主要包括肌球蛋白、肌动蛋白、肌动球蛋白。肌原纤维蛋白质的含量随肌肉活动而增加，与肉的嫩度、保水性和风味密切相关。

2. **肌浆中的蛋白质** 肌浆是指渗透于肌原纤维内外的液体，含各种有机物与无机物，一般占肉中蛋白质含量的20%～30%。它包括肌溶蛋白、肌红蛋白、肌球蛋白X和肌粒中的蛋白质等。这些蛋白质易溶于水或低离子强度的中性盐溶液，是肌肉中的可溶性蛋白质。

肌溶蛋白占肌浆蛋白的大部分，是全价蛋白；肌红蛋白是一种复合性的色素蛋白质，是肌肉呈现红色的主要成分，其含量与肌肉的部位，动物种类，年龄等因素有关。

3. **基质蛋白质** 基质蛋白质占肉中蛋白质总量10%左右，属于非全价蛋白质。基质蛋白质是构成肌内膜、肌束膜和腱的主要成分，包括胶原蛋白、弹性蛋白、网状蛋白及黏蛋白等。

（三）脂肪

脂肪对肉的食用品质影响较大，肌肉内脂肪的多少直接影响肉的多汁性和嫩度。动物的脂肪主要是中性脂肪（甘油三酯），此外还有少量的磷脂、固醇。皮下脂肪、肾周围脂肪、网膜脂肪及肌肉间脂肪等蓄积脂肪主要是中性脂肪；肌肉内脂肪、神经组织、脏器等组织脂肪中磷脂的含量比蓄积脂肪中高。

构成肉类的脂肪酸有20多种，其中饱和脂肪酸以硬脂酸和软脂酸居多；不饱和脂肪酸以油酸居多，其次是亚油酸。牛羊脂肪中的硬脂酸含量高，亚油酸含量低，脂肪较硬。

（四）浸出物

浸出物是指除蛋白质、盐类、维生素外能溶于水的浸出性物质，包括含氮浸出物和无氮浸出物。

1. **含氮浸出物** 为非蛋白质的含氮物质，主要有游离氨基酸、磷酸肌酸、核苷酸类及肌苷、尿素等，是肉的香气的主要来源。

2. **无氮浸出物** 是不含氮的可浸出的有机化合物，主要有糖原、乳酸等碳水化合物和有机酸，影响着肉的pH、保水性和保藏性。

（五）无机盐

肉类中的无机盐含量一般为0.8%～1.2%，主要有常量元素钠、钾、钙、镁、磷、氯、硫等和微量元素锰、铜、锌、镍等。这些无机盐在肉中以游离状态和螯合状态存在。

（六）维生素

肉中维生素含量不多，主要是B族维生素，内脏中则含较多脂溶性维生素。

三、肉的主要物理性状

肉的物理性状主要包括肉的色泽、气味、嫩度、保水性、pH、容重、比热、冰点等。这些性质在肉的加工贮藏中直接影响肉品的质量。

（一）肉的色泽

肌肉颜色的深浅取决于肌肉中的肌红蛋白和血红蛋白。肉的固有的红色是由肌红蛋白决定的，肌红蛋白越多，肉的色泽越深。血红蛋白存在于血液中，放血充分肉色正常，放血不充分或不放血的肉色深且暗。

肌红蛋白和血红蛋白都是由高铁血红素与珠蛋白所组成。刚屠宰的肌肉因肌红蛋白与氧结合成氧合肌红蛋白，肉呈鲜红色；当肉放置时间过久，肌红蛋白和氧合肌红蛋白均可以被氧化生成高铁肌红蛋白，呈褐色；肌红蛋白与亚硝酸盐反应生成亚硝基肌红蛋白，加热后呈亮红色。

（二）肉的风味

肉的香气和滋味共同构成肉的风味，是肉的重要质量指标。

1. **肉的香气** 肉的香气分为两类，一种是生鲜肉的香气，一般畜禽肉都具有各自特有的气味，如羊肉有膻味，狗肉、鱼肉有腥味，雄性畜肉有特殊的性气味；另一种是肉加热产生的香气，肉加热后产生强烈的香味，主要是由于肉加热后一些芳香前体物质降解产生的挥发性物质，牛肉和猪肉香气的主要成分是嘌呤和吡啶类化合物。

2. **肉的滋味**　肉的鲜味成分来源于核苷酸、氨基酸、酰胺、肽、有机酸、糖类、脂肪等前体物质。

（三）肉的嫩度

肉的嫩度是肉在食用时口感的老嫩，是肉质评定的重要指标。一般来说，畜禽体格越大，运动越多、负荷越大的部位，其肌纤维越粗，肉就越老；畜禽年龄越小，肌纤维越细，肌肉中结缔组织少，肉就越嫩；加热可软化结缔组织，提高肉的嫩度，但肌肉在65～75℃加热时，肉的嫩度会降低；宰后僵直期肉的嫩度最差，随着僵直的解除，肉的嫩度随之提高。

在肉品生产中，可利用蛋白酶对肉中蛋白质水解来嫩化肉，常用的有木瓜蛋白酶、无花果蛋白酶和菠萝蛋白酶等；宰后用电刺激牛羊胴体，可加速肌肉代谢，缩短肉的尸僵时间以改善肉的嫩度；给肉施加高压，可使肉嫩度提高。

（四）肉的保水性

肉的保水性是指当肌肉在压榨、切碎、加热、冷冻、解冻、腌制等加工时，保持其原有水分与添加水分的能力。肉的保水性对肉的品质有很大的影响，是肉质评定时的重要指标，影响到肉的风味、颜色、质地、嫩度等。

肉的保水性随肉pH的变化而发生变化，刚宰后的肉，pH在6.5～6.7时，肉的保水性较高，肉的pH在5.0时，保水性最低。在畜禽种类中，兔肉的保水性最佳，依次为牛肉、猪肉、鸡肉、马肉。影响肌肉保水性的盐类主要有食盐和磷酸盐，磷酸盐可提高肉的保水性，低浓度的食盐可提高肉的保水性，高浓度的食盐又会降低肉的保水性。肉在加热时保水能力明显降低，加热程度越高，保水性下降越快。

第二节　肉的成熟与变质

畜禽屠宰后，肌肉组织内仍然在发生一系列的生化反应，肉的性质和质量也在发生变化，其变化大致可分为：僵直、成熟、腐败三个过程阶段。

一、僵　直

也叫尸僵，指畜禽屠宰后的胴体经过一段时间，肉的弹性和伸展性逐渐消失，关节失去活动性，肉尸由热变冷，由软变硬，这个过程称为僵直。处于此阶段的肉，硬度大，肉质粗糙，加热不易煮烂，保水性差，肉汁流失多，缺乏风味，食用价值及滋味都较差。

1. **僵直的原因**　动物屠宰后，血液循环、呼吸停止，体内的糖元开始无氧酵解，产生了乳酸。ATP分解释放出胺和磷酸，使肉的pH下降，肌动蛋白和肌球蛋白结合形成肌动球蛋白，引起肌肉收缩，肉变僵硬。僵直时肉的pH下降使肉中糖酵解酶活性消失，导致糖酵解终止。这个最低的pH称为极限pH，极限pH越低，肉的硬度越大。

2. **僵直的时间**　一般鱼类僵直发生早，哺乳动物发生较晚；不放血致死的动物较放血致死的动物发生早；环境温度高僵直发生得早，持续的时间短；宰前动物疲劳，未经充分休息就屠宰，宰后肉就会过早出现僵直，而且极限 pH 也比较高。不同动物僵直的时间见表 1-2。

表 1-2 僵直开始和持续时间

肉的种类	开始时间（h）	持续时间（h）	肉的种类	开始时间（h）	持续时间（h）
牛肉	死后 10	72	鸡肉	死后 2.5～4.5	6～12
猪肉	死后 8	15～24	鱼肉	死后 0.1～0.2	2
兔肉	死后 1.5～4	4～10			

二、肉的成熟

动物死后僵直达到一定程度后，肉内仍在发生一系列生物化学变化，逐渐解除僵直后，肌肉变得柔软多汁，并获得细致的结构和美好的滋味，这一过程称为肉的成熟。

1. **成熟肉的特征** 肉经过成熟后，肉的嫩度、保水性都得到改善。

（1）肉呈酸性。肉成熟过程中 pH 发生显著变化，刚屠宰的肉的 pH 为 6.5～6.7，僵直时 pH 下降至 5.4～5.6，随后缓慢上升，肉在成熟时 pH 达 5.7～6.1。

（2）肉具有芳香味和独特滋味。由于肉在成熟过程中蛋白质水解产生的游离氨基酸；ATP 分解产生的次黄嘌呤核苷酸，都是肉的滋味和香气的主要成分。

（3）肉的组织柔软且有弹性，容易煮烂。这是由于肉在成熟过程中，肌原纤维断裂成小片状，肌肉中结缔组织的网状结构也变成松散状态，肉中的肌动蛋白和肌球蛋白之间的结合也变弱。

（4）肉的切面有汁液渗出。这是由于肉的 pH 逐渐提高，使肉的保水性增高。

（5）成熟肉表面有一层略显干燥的薄膜，可防止微生物入侵。

2. **肉成熟的时间** 肉成熟所需的时间与温度的高低成正比，如牛肉在相对湿度 80%～85%，0℃时 10d 左右可达到最佳成熟状态，在 12℃时经过 5d 就可以达到成熟状态，在 18℃时则只需要 2d。但是温度过高时微生物的活动会加快，肉容易腐败，所以肉品生产上，通常是将胴体放在 2～4℃的条件下保持适当时间使其成熟。

三、肉的腐败（变质）

肉的变质是成熟过程的继续，它是指肉类在微生物的作用下蛋白质、脂肪、碳水化合物分解为低分子化合物，并产生对人体有害的腐败产物和怪味、臭气的过程。

1. **腐败的原因** 肉在成熟时期的分解产物，为微生物的生长和繁殖提供了良好的营养物质，微生物的生长繁殖，必然导致肉中营养物质的分解。微生物将糖分解为有机酸、二氧化碳和水；蛋白质被为分解为胺、氨、硫化氢、二氧化碳、酚、吲哚、粪臭素、硫醇等腐败产物；脂肪在微生物、氧气、光、高温、酶、酸碱的作用下氧化或水解为甘油和有不良气味的低分子脂肪酸、醛类和酮类物质。伴随着这些有毒物质的产生，肉的感官性状

恶化，失去食用价值。

肉的腐败变质与温度、湿度、pH、空气中的含氧量有关，温度越高微生物繁殖发育越快；一般霉菌和酵母菌可在较低水分活度下生长，而细菌需要较高的水分活度；肉的极限pH越高，细菌就越易生长；空气中含氧量越高，肉的氧化速度加快，就越易腐败变质。

2. 腐败肉的特征　腐败变质肉表面发黏，呈灰绿色；有明显的酸臭味；肉呈碱性反应；肉的组织松软、无弹性。

复习思考题

1. 什么是肉的保水性？影响肉的保水性的因素有哪些？
2. 肉的色泽与哪些因素有关？
3. 肉的质量变化分为哪几个阶段？各个阶段的肉有什么特点？
4. 影响肉的嫩度的因素有哪些？在肉品生产中哪些方法可改善肉的嫩度？
5. 什么叫肉的浸出物，肉的浸出物在加工、食用上有何价值？
6. 肉的腐败是如何引起的？
7. 肉由哪几大部分构成？这些组成部分各有什么特点？

第二章

畜禽屠宰加工与肉的贮藏

学习目标

了解畜禽屠宰工艺；掌握肉的分割规格；掌握肉的低温保藏；了解肉的辐射保藏和气调贮藏。

第一节 畜禽屠宰与分割加工

一、畜禽屠宰加工

（一）肉用畜禽的选择

畜禽宰前经兽医卫生检验合格后，还要按照国家颁布的有关规定，允许宰杀的畜禽才能屠宰。此外，还需进行如下选择：

1. **肥度适中** 作为加工肉制品的原料畜禽应肥瘦适中，选肥猪时应以去势猪为佳。未去势的猪有特殊气味，肉质粗硬，不宜作加工原料。

2. **年龄适当** 畜禽成熟后屠宰的肉适宜加工，幼畜的肉质柔软，水分多，脂肪少，缺乏风味。而老年畜肉风味较浓，但肉质坚硬，结缔组织多，也不适于作加工原料。通常猪以6～8月龄为最佳，肉牛则两岁左右为宜。

3. **饲料状况** 经常食用软质油脂多的饲料如豆饼、鱼粉、糠麸、残饭等的畜禽，其在烤制、煮制、熏制过程中，脂肪容易熔化流失，影响制品的外观和风味，而且出品率低，不宜作肉制品的原料。

（二）畜禽宰前的管理

1. **宰前饲养** 对于需要饲养的待宰畜禽，应根据批次、强弱进行分圈、分群饲养，使畜禽在短期内达到理想的屠宰标准。

2. **宰前休息** 屠畜宰前休息有利于放血，消除应激反应，减少动物体内淤血现象，提高肉的商品价值。

3. **宰前禁食、供水** 畜禽在宰前12～24h断食，一般牛、羊宰前断食24h，猪12h，家禽18～24h。断食时，应供给足量的饮水，使畜体进行正常的生理机能活动。但在宰前2～4h应停止给水，以防畜禽倒挂放血时胃内容物从食道流出污染胴体。

4. **宰前淋浴** 猪在屠宰前要用20℃温水喷淋畜体2～3min，以清洗体表污物，还可

降低体温，抑制兴奋，促使外周毛细血管收缩，提高放血量。

（三）畜禽屠宰工艺

各种家畜的屠宰工艺流程见图2-1。

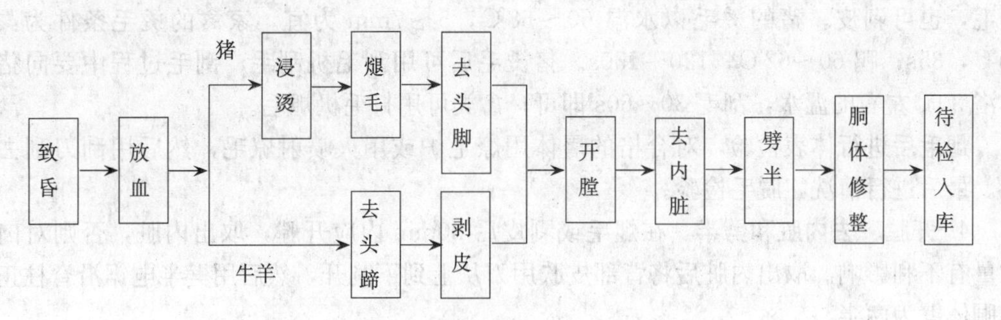

图2-1　家畜屠宰工艺流程图

1. 致昏　应用物理和化学方法，使家畜在宰杀前短时间内处于昏迷状态，叫致昏。致昏的主要目的是让动物失去知觉、减少痛苦，另一方面可避免动物在宰杀时挣扎而消耗过多的糖原，以保证肉质。致昏的方法很多，常见的有麻电法、机械致昏法和二氧化碳麻醉法。

（1）麻电法。通过电流麻痹动物中枢神经，使其昏倒。电击晕可导致肌肉强烈收缩，心跳加剧，便于放血。麻电法是目前最常见的致昏方法。常用的电致昏的电流强度、电压、频率以及作用时间见表2-1。

表2-1　畜禽屠宰时的电致昏条件

畜种	电压（V）	电流强度（A）	麻电时间（s）
猪	70～100	0.5～1.0	1～4
牛	75～120	1.0～1.5	5～8
羊	90	0.2	3～4
兔	75	0.75	2～4
家禽	65～85	0.1～0.2	3～4

（2）二氧化碳麻醉法。动物在CO_2浓度为65%～85%的通道中经历15～45s即能达到麻醉，完全失去知觉可维持2～3min。采用此法动物无紧张感，可减少体内糖原消耗，有利于提高肉品质量。

（3）机械致昏法。用于牛的屠宰，用专用气枪枪击或用锤击牛前额正中部，使其致昏。

2. 刺杀放血　家畜致昏后应快速放血，以9～12s为最佳，最好不超过30s，以免引起肌肉出血。放血完全的肉尸，不但色泽鲜亮，肉味鲜美，而且较耐贮藏；放血不全的肉尸，色泽暗淡，容易腐败变质。放血的时间与姿势有关，倒挂式刺杀放血，牛需6～8min，猪6～7min，羊5～6min。平卧式刺杀放血比倒挂式要延长2～3min。

放血的方法有：刺颈放血、切颈放血、心脏刺杀放血、口腔放血。刺颈放血普遍用于猪、牛的屠宰，刺杀部位为切断前腔静脉和双颈动脉干，牛的刺杀部位为切断颈总动脉。

切颈放血用于牛、羊、家禽，在颈前部切断食管、气管和血管。心脏放血在一些小型屠宰场和农村多用，是从颈下直接刺入心脏放血。口腔放血主要用于家禽，用尖头小刀从口腔刺入喉咙，切断颈总静脉放血。

3. **剥皮或烫煺毛**　畜禽刺杀放血后，牛、羊、马、兔等一般采用剥皮；猪则可浸烫煺毛，也可剥皮。猪的烫毛以水温 60～68℃，5～7min 为宜。家禽的烫毛条件为：鸡65℃，35s；鸭 60～62℃，120～150s。猪烫毛后可用刮毛机刮毛，刮毛过程中要向猪体淋浴 30℃左右的温水，刮毛 30～60s 即可；禽类可用打毛机煺毛。

煺毛后进行体表检验，对合格的屠体用燎毛炉或用火喷射燎毛，然后用刮刀刮去焦毛。最后进行清洗，脱毛检验。

4. **开膛、去内脏和劈半**　在煺毛或剥皮后 30min 内应开膛，取出内脏，否则对肉的质量有不利影响。取出内脏后将背部皮肤用刀从上到下割开，然后用劈半电锯沿脊柱正中将胴体劈为两半。

禽类内脏的取出有全净膛，即将全部内脏取出；半净膛，仅拉出全部肠和胆囊；不净膛，全部内脏保留在腔内。

5. **胴体的修整**　修整是清除、修割胴体表面的各种污物、病变组织、损伤组织，使胴体具有完好的商品外形的过程。

6. **检验、盖印、称重、出厂**　畜禽屠宰后要进行宰后兽医检验。合格者，盖以“兽医验讫”的印章。然后经过自动吊秤称重、入库冷藏或出厂。

二、畜禽肉的分割

肉的分割是按不同国家、不同地区的分割标准将胴体进行分割，以便进一步加工或直接供给消费者。分割肉是指宰后经兽医卫生检验合格的胴体，按分割标准及不同部位肉的组织结构分割成不同规格的肉块，经冷却、包装后的加工肉。

（一）猪肉的分割规格

我国猪肉的分割方法是将猪胴体分为肩、背、腹、臀、腿五大部分，见图 2-2。

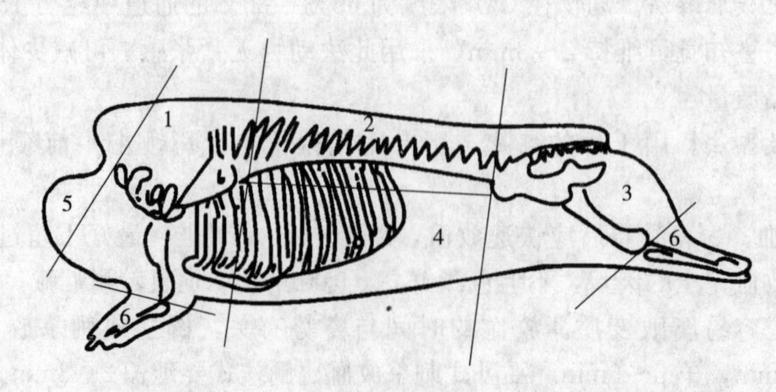

图 2-2　我国猪胴体部位分割图

1. 肩颈肉　2. 背腰肉　3. 臀腿肉　4. 肋腹肉　5. 前颈肉　6. 肘子肉

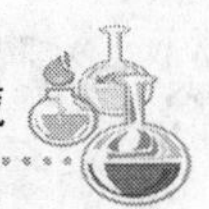

1. **肩颈肉** 俗称前槽、夹心。前端从第1颈椎，后端从第4～5胸椎或第5～6根肋骨间，与背线成直角切断。下端如做火腿则从肘关节切断，并剔除椎骨、肩胛骨、臂骨、胸骨和肋骨。

2. **背腰肉** 俗称外脊、大排、硬肋、横排。前面去掉肩颈部，后面去掉臀腿部，余下的中段肉体从脊椎骨下4～6cm处平行切开，上部即为背腰部。

3. **臀腿肉** 俗称后腿、后丘。从最后腰椎与荐椎结合部和背线成直线垂直切断，下端则根据不同用途进行分割：如作分割肉、鲜肉出售，从膝关节切断，剔除腰椎骨、荐椎骨、股骨，去尾；如作火腿则保留小腿后蹄。

4. **肋腹肉** 俗称软肋、五花。与背腰部分离，切去奶脯即是。

5. **前颈肉** 俗称脖子、血脖。从第1～2颈椎或3～4颈椎处切断。

6. **前臂和小腿肉** 俗称肘子、蹄膀。前臂上从肘关节下于腕关节切断，小腿上从膝关节下于跗关节切断。

（二）牛肉分割肉的加工（试行）

在我国将标准的牛胴体二分体分割为臀腿肉、腹部肉、腰部肉、胸部肉、肋部肉、肩颈肉、后腿肉共八个部分。分割部位见图2-3。

在此基础上再进一步分割成牛柳（里脊肉）、西冷（外脊肉）、眼肉、上脑、嫩肩肉、胸肉、腱子肉、腰肉、臀肉、膝圆、大米龙、小米龙、腹肉等13块肉。

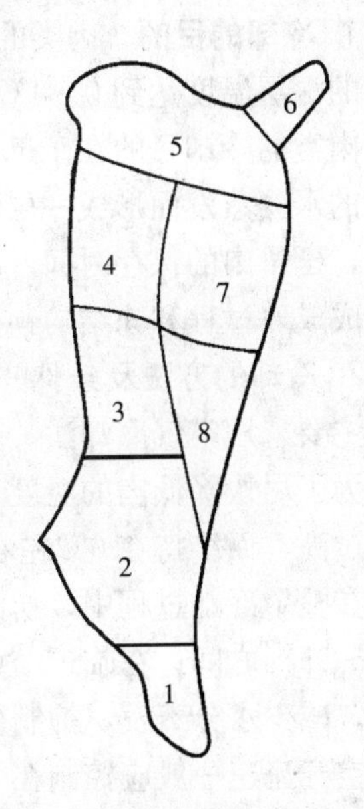

图2-3 我国牛胴体部位分割图
1. 后腿肉 2. 臀腿肉 3. 腰部肉 4. 肋部肉 5. 肩颈肉 6. 前腿肉 7. 胸部肉 8. 腹部肉

（三）禽肉的分割

禽胴体分割的方法有三种：平台分割、悬挂分割、按片分割。前两种适于鸡，后一种适于鹅、鸭。

鹅分割为头、颈、爪、胸、腿等8件；躯干部分成4块（1号胸肉、2号胸肉、3号腿肉、4号腿肉）。鸭躯干部分为两块（1号鸭肉、2号鸭肉）。鸡肉大体上分为腿部、胸部、翅爪及脏器类。

第二节 肉的贮藏与保鲜

肉的腐败变质主要是由于微生物的活动和肉中酶的生物化学反应引起的。为了防止肉的污染和腐败，一是要抑制或杀灭微生物，二是要延缓和抑制肉中酶的活性，达到较长时间贮藏保鲜目的。肉及肉制品的贮藏方法很多，如低温贮藏法、辐射处理、气调贮藏、防腐剂及抗生素处理等，目前最常用的方法是低温贮藏法。

一、肉的低温保藏保鲜

肉的低温保藏可抑制微生物的生命活动和肉中酶的活性，延缓肉中的生化反应，从而维持较长时间的新鲜度，贮藏温度越低，肉品保藏时间就越长。

（一）肉的冷却

刚屠宰的畜禽，肌肉的温度通常在38～41℃之间，这种尚未失去生前体温的肉叫热鲜肉。在0℃条件下将热鲜肉冷却到深层温度0～4℃后，称为冷却肉。

1. 冷却的目的　肉类的冷却就是将屠宰后的胴体，吊挂在冷却室内，使其冷却到最厚处的深层温度达到0～4℃的过程。

肉类的冷却目的在于迅速排除肉内部的热量、抑制微生物和酶的活性。同时，由于肉表面的水分蒸发而形成一层油样干燥膜，能减少肉内的水分的蒸发，并且阻止微生物侵入肉内，延长肉的保存时间。冷却还可以延缓脂肪和肌红蛋白的氧化变色。此外，冷却也是肉完成成熟过程和冻结的预处理阶段。

2. 冷却的方法及条件　肉的冷却方法有空气冷却、水冷却、冰冷却和真空冷却等。我国主要采用空气冷却法。

为了尽快降低肉的温度，冷却间在未进料前应先降至－4℃左右，进料后不会使库温升得过高，而维持在0℃左右。一般经过24～28h即可完成冷却过程。

在整个冷却过程中，初始阶段空气的相对湿度应维持在95%以上；在后期宜维持在90%～95%之间；在临近结束时，相对湿度维持在90%左右为宜。这样不仅可缩短冷却时间，减少水分蒸发，抑制微生物大量繁殖，而且可使肉表面形成良好的皮膜。

空气流速一般应控制在0.5m/s，最高不超过2m/s。

3. 冷却肉的贮藏　经过冷却的肉在－1～1℃的冷藏间，一方面可完成肉的成熟，另一方面达到短期贮藏的目的。

（1）冷藏条件。冷藏间应保持在－1～1℃，进、出肉时温度波动不得超过3℃。冷却肉的贮藏条件和贮藏期见表2-2。

表2-2　冷却肉的贮藏条件和贮藏期

品　名	温度（℃）	相对湿度（%）	贮藏期（d）	品　名	温度（℃）	相对湿度（%）	贮藏期（d）
猪　肉	－1.5～0	85～90	7～14	牛　肉	1.5～0	90	28～35
鸡	0	85～90	7～11	小牛肉	－1～0	90	7～21
腊　肉	－3～0	85～90	30	羊　肉	－1～0	85～90	7～14
腌猪肉	－1～0	85～90	120～180				

（2）冷藏过程中肉的变化。冷藏条件下的肉，由于水分没有结冰，微生物和酶的活动还在进行，所以易发生表面发黏、发霉、有异味等品质下降现象。

肉在贮藏期间表面由于氧化等因素的影响，由紫红色逐渐变为褐色，温度越高、湿度越低、空气流速越大，则褐变越快。此外，由于微生物的作用，表面也会出现变绿等

现象。

冷却肉受冷藏室温湿度、空气流速的影响，肉内水分蒸发，易发生干耗。

牛、羊屠杀后胴体在短时间进行快速冷却时肌肉产生强烈寒冷收缩，致使肉在成熟后也不能充分软化，肉的质量差。牛、羊肉的 pH 尚未降到 6.0 以下时，肉温不得低于10℃，否则会发生冷收缩。

采用适宜的冷藏条件，可延缓肉品质的下降。同时，在温度为 0℃和二氧化碳浓度为10%～20%条件下贮藏冷却肉，贮藏期可延长 1.5～2.0 倍。但二氧化碳浓度大于 20%时，肉的颜色会变暗。另外，紫外线照射也能有效地延长肉的贮藏期。

（二）肉的冻结贮藏

肉经过冷却后只能作短期贮藏。若要长期贮藏，需对肉进行冻结。将肉的温度降低到－18℃以下，肉中的绝大部分水分（80%以上）形成冰晶的过程称为肉的冻结。肉类冻结的目的是使肉类保持在低温下，有效抑制微生物的生长和肉内各种化学变化，使肉更耐贮藏，冻结肉的贮藏期为冷却肉的 5～50 倍。

1. 冻结速度对肉品质的影响　一般生产上冻结速度常用所需时间来区分，如中等肥度的猪半胴体由 0～4℃冻结到－18℃，需 24h 以下者为快速冻结；24～48h 为中速冻结；若超过 48h 则为慢速冻结。

（1）缓慢冻结。缓慢冻结时，在最大冰晶体生成带（－5～－1℃）停留的时间长，肌纤维内的水分大量渗出细胞外，使细胞内液的浓度增高，冻结点下降，造成肌纤维间的冰晶体愈来愈大，使肌细胞遭到机械损伤。这样的冻结肉在解冻时可逆性小，引起大量的肉汁流失。

（2）快速冻结。快速冻结时，肉的温度迅速下降，很快通过最大冰晶生成带，冰晶生成速度大于水分扩散的速度，使细胞内外的水分几乎同时冻结，形成的冰晶颗粒小而均匀，解冻时可逆性好，肉汁流失少。

2. 冷冻方法　冷冻的方法通常有静止空气冷冻法、板式冷冻法、冷风式速冻法、流体浸渍法和喷雾法等。

家庭冰箱的冷冻室均以静止空气冻结的方法进行冷冻，肉冻结很慢。静止空气冻结的温度为－10～－30℃。

板式冷冻法是将肉品装盘或直接与冷冻室中的金属板架接触。冷冻温度通常为－10～－30℃，一般适用于薄片的肉品的冷冻。冻结速率比静止空气法快。

工业生产中最普遍使用的方法是在冷冻室或隧道装有风扇以供应快速流动的冷空气进行急速冷冻。此法热的转移速率快，所以冻结速度快，但空气流动增加了冷冻成本以及未包装肉品的冻伤。冷风式速冻条件一般为空气流速 760m/min，温度－30℃。

流体浸渍法和喷雾法是商业上用来冷冻禽肉、鱼类最普遍的方法，此法热量转移迅速，稍慢于风冷或速冻，供冷冻用的流体必须无毒性、成本低，且具有低黏性，低冻结点以及高热传导性特点。常用制冷剂有液态氮、食盐溶液、干冰。

3. 冷冻肉的贮藏　肉经冻结以后，即转入冷库进行长期贮藏。

（1）冻结肉的贮藏条件。为了防止冻结肉在冻藏期间质量变化，必须使冻结肉体的中心温度保持在－15℃以下，冻藏间的温度控制在－20～－18℃，温度波动不得超过2℃；相对湿度维持在95%～98%；室内空气流速应控制在0.2～0.3m/s以下，最大不超过0.5m/s。冻结肉的贮藏条件和期限见表2-3。

表2-3 冻结肉类的贮藏条件和时间

类别	温度（℃）	相对湿度（%）	期限（月）	类别	温度（℃）	相对湿度（%）	期限（月）
小牛肉	－18～－23	90～95	8～10	牛肉	－18～－23	90～95	9～12
兔	－18～－23	90～95	6～8	猪肉	－18～－23	90～95	4～6
禽类	－18～－23	90～95	3～8	羊肉	－18～－23	90～95	8～10

（2）肉在冻藏过程中的变化。在冻藏过程中，由于温度的波动、空气中氧的作用等，仍会缓慢地发生一系列的变化，使肉的品质有所下降。

肉在冻藏期间由于温度波动而反复冻融后，促进小冰晶消失和大冰晶长大，加剧冰晶对肉的机械损伤，使肉的保水性降低。

冻藏肉内的水分以升华的方式进入空气中，导致肉的干耗，同时肉中出现许多脱水孔，空气进入脱水孔后，使肉中的脂肪氧化酸败，表面发生黄褐变，这种现象称为“冻烧”。

肉在冻藏过程中，冻肉表面颜色因肌红蛋白氧化逐渐变成暗褐色。

4. 肉的解冻 肉的解冻是将冻结肉类恢复到冻前的新鲜状态。解冻过程实质上是冻结肉中形成的冰结晶还原融解成水的过程，所以可视为冻结的逆过程。肉的解冻方法有空气解冻法、水解冻和蒸汽解冻法。

（1）空气解冻法。一般在0～5℃空气中解冻称缓慢解冻，在15～20℃空气中解冻叫快速解冻。肉装入解冻间后温度先控制在0℃，以保持肉解冻的一致性，装满后再升温到15～20℃，相对湿度为70%～80%，经20～30h即解冻。

（2）水解冻。把冻肉浸在水中解冻，由于水比空气传热性能好，解冻时间可缩短，并且由于肉的表面有水分浸润，可使质量增加。但肉中的某些可溶性物质在解冻过程中将部分失去，同时容易受到微生物的污染，主要用于带包装冻结肉类的解冻。

水解冻的方式可分静水解冻和流水解冻或喷淋解冻。对肉类来说，一般采用较低温度的流水缓慢解冻为宜，若水温较高，可加碎冰来降低温度解冻。

（3）蒸汽解冻法。将冻肉悬挂在解冻间，向室内通入水蒸气，当蒸汽凝结于肉表面时，则将解冻室的温度由4.5℃降低至1℃，并停止通入水蒸气。此法解冻的肉表面干燥，肉汁能较好地渗入组织中。一般约经16h，即可使半胴体的冻肉完全解冻。

（4）微波解冻。微波解冻可使解冻时间缩短，还能减少肉汁损失，提高产品质量。微波解冻可以带包装进行，但包装材料不能有金属。

（5）真空解冻。真空解冻没有干耗，解冻过程均匀迅速。厚度9cm，质量31kg的牛肉，真空解冻只需6min。

二、肉的辐射保藏

肉类辐射保藏是利用一定剂量的射线处理原料肉，杀灭其中的微生物及其他腐败细

菌，抑制肉品中某些生物活性物质和生理过程，从而达到保藏目的。

（一）辐射杀菌类型

用适当的射线处理肉，可以杀死肉表面和内部的微生物，达到长期贮藏的目的。应用辐射杀菌按剂量大小和所要求目标可分为三类。

1. 辐射阿氏杀菌 所使用的辐射剂量可以使食品中微生物减少到零或有限个数。用这种辐射处理后，食品可在任何条件下贮存。肉中以肉毒杆菌为对象菌，剂量应达40～60kGy。如罐装腊肉照射45kGy，室温可贮藏2年，但会出现辐射副作用。

2. 辐射巴氏杀菌 使用的辐射量以在食品中检测不出特定的无芽孢病菌为准。肉品中以沙门菌为目标，剂量范围为5～10kGy。既能延长保存期，副作用又小。

3. 辐射完全杀菌 以假单孢菌为目标，目的是减少腐败菌的数量，延长冷冻或冷却条件下食品的货架期，剂量通常在5kGy以下。产品感官性状几乎不发生变化。FAO对不同食品的照射剂量规定如表2-4所示。

表2-4 对不同食品的照射剂量

食品	主要目的	达到的手段	剂量（kGy）
肉、禽、鱼及其他易腐食品	不用低温，长期安全贮藏	能杀死腐败菌、病原菌及肉毒梭菌	40～60
肉、禽、鱼及其他易腐食品	在3℃以下延长贮藏期	减少嗜冷菌数	0.5～10
冻肉、鸡肉、鸡蛋及其他易污染细菌的食品	防止食品中毒	杀灭沙门菌	3～10
肉及其他有病原寄生虫的食品	防止食品媒介的寄生虫	杀灭旋毛虫、牛肉绦虫	0.1～0.3
香辛料、辅料	减少细菌污染	降低菌数	10～30

（二）肉的辐射保藏工艺

1. 原料的验收及预处理品 辐射前对肉品进行挑选和品质检查。要求肉品质量合格，初始菌量低。在肉品中增加微量的抗氧化剂，可减少辐射过程中维生素C的损失。

2. 包装 为了防止在辐射处理以后的环节中出现二次污染，一般是带包装进行。包装材料一般选用密封性好高分子复合塑料膜，如聚乙烯、尼龙复合薄膜。包装方法常采用真空包装、真空充气包装等。

3. 辐射处理 常用辐射源有^{60}Co、^{137}Cs和电子加速器三种。在肉食品加工中多用^{60}Co辐射源。辐射条件根据辐射肉食品的要求决定。

（三）辐射对肉品质的影响

1. 产生辐射味 肉类经过辐射后会产生一种类似蘑菇味的辐射味。它的产生与辐射剂量成正比，这种异味是由于含硫蛋白质分解产生的甲硫醇和硫化氢引起的。为减少辐射味，一般采用低温辐射处理，一般起始肉品的温度为－40℃，辐照结束后肉的温度不超过－8℃。肉在辐照时加入抗氧化剂、柠檬酸、香料、维生素C等也可以控制辐射味。

2. 使肉嫩化 辐射射线使肉的肌纤维出现断裂，提高肉品的嫩度。

3. **颜色的变化** 鲜肉及其制品在真空无氧条件下辐射处理，瘦肉的颜色更鲜艳，肥肉也呈现淡红色，这种颜色在室温贮藏下会慢慢地褪去。

（四）辐射肉品的卫生安全性

辐射食品无残留放射性和诱导放射性，不产生毒性物质和致突变物。辐射会使食品发生理化性质的变化，导致感官品质及营养成分的改变，变化程度取决于辐射食品的种类和辐射剂量。放射线处理后食品的安全性，根据大量的动物试验结果表明，辐射在保藏食品方面是一种安全、卫生、经济有效的新手段。

三、肉的气调贮藏

气调保鲜就是利用适合保鲜的保护气体置换肉的包装容器内的空气，抑制微生物繁殖，结合调控温度以达到长期保存和保鲜的技术。

（一）充气包装使用的气体

肉品充气包装常用的气体主要为氧气、二氧化碳和氮气。

1. **氧气**（O_2） 氧气对肉的保鲜作用主要是抑制鲜肉贮藏时厌氧菌繁殖，在短期内使肉色呈鲜红色。混合气体中氧气在50%以上才能保持鲜艳的肉色，易被消费者接受。但氧气的存在有利于好气性假单胞菌生长、不饱和脂肪酸氧化酸败，使气调包装肉的贮藏期大大缩短。

2. **二氧化碳**（CO_2） 二氧化碳对大多数需氧菌和霉菌有较强的抑制作用，对厌氧菌和酵母无效。由于二氧化碳能溶解于肉中，降低肉的 pH，可抑制一些不耐酸的微生物。因二氧化碳在塑料包装薄膜中有较高的透气性和易溶于肉中，会导致包装盒塌陷，影响产品外观。因此，用二氧化碳作为保护气体，应选用阻隔性较好的包装材料。

3. **氮气**（N_2） 氮气是惰性气体，与被包装物不起化学反应，也不会被食品吸收。氮气在塑料包装材料中透气率很低，可作为混合气体，起到缓冲或平衡气体成分作用，防止因二氧化碳逸出引起的包装盒塌陷。

（二）气调贮藏方式

肉的气调保鲜需根据保鲜要求选择单一气体或几种气体混合使用方式。

1. **纯二氧化碳气调保鲜** 在冷藏条件下，充入不含氧气的二氧化碳气体至饱和可大幅度提高鲜肉的保存期，同时可防止肉色的氧化褐变。猪肉的保藏期可达15周以上。为了使肉色呈鲜红色，在零售前可改换含氧包装，改成零售包装的鲜肉在0℃条件下可保存约7d。

2. **氧气和二氧化碳气调保鲜** 用75%氧气和25%二氧化碳组成的混合气体充入鲜肉包装内，可使肉的颜色鲜红，在短期内保鲜。这种气调保鲜方式是一种只适合于在当地销售的零售包装形式，在0℃条件下可保存10～14d。

3. **氧气、二氧化碳和氮气的气调保鲜** 用50%氧气、25%二氧化碳和25%氮气组成

的混合气体充入鲜肉包装内，可使肉的颜色鲜红，在短期内保鲜，又可防止因二氧化碳逸出引起的包装盒塌陷。这种气调保鲜方式是一种只适合于在当地销售的零售包装形式，在0℃条件下保存期为14d。猪肉在不同气体配方中的保鲜效果见表2-5。

表2-5　猪肉的气调保鲜效果

种类项目	包装前	$100\%CO_2$		$75\%O_2+25\%CO_2$		$50\%O_2+25\%CO_2+25\%N_2$	
		7d	14d	7d	14d	7d	14d
细菌总数（个/g）	7.8×10^2	2.5×10^2	6.5×10^2	2.6×10^2	3.8×10^7	7.4×10^5	9.6×10^5
挥发性盐基氮（TVBN）（mg/100g）	11	9	10	13	11	10	11
pH	5.9	6.1	6.0	6.5	6.4	6.4	6.3
血红素	258	43	41	168	132	145	130

复习思考题

1. 畜禽宰前为什么要休息、禁食、饮水？
2. 简述原料肉低温贮藏保鲜的原理和方法。
3. 原料肉在冷藏和冻藏过程中各有什么变化？
4. 肉类的辐射保藏原理是什么？如何减少辐射对肉品的不利影响？
5. 简述鲜肉气调保鲜机理及不同气体成分的作用。

第三章

肉品加工中常用的辅料

学习目标

了解肉制品加工中常用的辅助材料；掌握肉制品加工中辅助材料的作用及使用方法。

在肉制品加工中，为了改善制品的感官特性和品质，延长肉制品的保存期和便于加工生产，常需添加一些可食的化学合成或天然物质，这些物质统称为肉制品加工辅料。正确使用辅料，对提高肉制品的质量和产量，增加肉制品的花色品种，提高其商品价值和营养价值，保证消费者的身体健康，具有十分重要的意义。肉制品加工常用的辅料有调味料、香辛料和添加剂。

第一节 调味料与香辛料

一、调 味 料

调味料是指为了改善食品口味，赋予肉制品独特的滋味、质感和色泽，可增进食欲而添加入食品中的天然或人工合成的物质。

（一）咸味料

1. **食盐** 食盐在肉制品加工中的主要作用是提高肉的持水性，改善肉的质地，增加肉的黏结性，抑制微生物的生长，对肉制品有增鲜作用。通常食盐用量为：生制品4%左右，熟制品2%～3%。

2. **酱油** 酱油是我国传统的调味料，酱油分为有色酱油和无色酱油。肉制品中常用酿造酱油。酱油主要含有蛋白质、氨基酸等。酱油可为肉制品提供咸味和鲜味，赋予制品酱红色，在香肠制品中还有促进成熟发酵的良好作用。

3. **鱼露** 鱼露又称鱼酱油，它是以海产小鱼为原料，用盐或盐水浸渍，经长期自然发酵，取其汁液滤清后制成的鲜味调料，有鱼腥味，是广东、福建等地常用的调味料。鱼露的颜色应呈澄清透明的橙黄色或棕色，有香味，不混浊，不发黑，无异味为上乘，在肉制品加工中的应用主要起增味、增香的作用。

4. **黄酱** 又称面酱、麦酱等，是用大豆、面粉、食盐等为原料，经发酵制成的调味

品。在肉品加工中不仅是常用的咸味调料，而且还有良好的提香生鲜、除腥清异的效果。

（二）甜味料

1. 食糖　肉制品中添加少量的蔗糖可改善产品的滋味，缓冲咸味，并能促进胶原蛋白的膨胀和松弛，使肉质松软、色调良好。添加量在0.5%～1.5%左右。

2. 蜂蜜　蜂蜜在肉制品加工中的应用主要起提高风味，增香、增色、增加光亮度及增加营养的作用。

3. 饴糖　由麦芽糖、葡萄糖和糊精组成，味甜爽口，有吸湿性和黏性，在肉品加工中常为烧烤、酱卤和油炸制品的增味剂和甜味助剂。

4. d-山梨糖醇　d-山梨糖醇又称花楸醇、清凉茶醇，呈白色针状结晶或粉末，溶于水、乙醇、酸中，不溶于其他一般溶剂，水溶液pH为6～7。有吸湿性，有愉快的甜味，有寒舌感，甜度为砂糖的60%。常作为砂糖的代用品。在肉制品加工中，不仅用作甜味料，还能提高渗透性，使制品纹理细腻，肉质细嫩，增加保水性，提高出品率。

5. 葡萄糖　葡萄糖为白色晶体或粉末，常作为蔗糖的代用品，甜度略低于蔗糖。在肉品加工中，葡萄糖除作为甜味料使用外，还可形成乳酸，有助于胶原蛋白的膨胀和疏松，使制品柔软。另外，葡萄糖的保色作用较蔗糖的好。肉品加工中葡萄糖的使用量为0.3%～0.5%。

（三）其他调味料

1. 味精　成分是谷氨酸钠，具独特的鲜味，长时间加热或加热到120℃时，可失去水分而生成焦谷氨酸钠，失去鲜味。一般使用量为0.25%～0.5%，在酸性和强碱性条件下会使鲜味降低，对酸性强的食品，可稍增加使用量。

2. 食醋　食醋由发酵酿制而成，在肉制品加工中有调味、去腥、增香的作用。食醋与糖按一定比例配合，可形成甜酸味。因醋酸具有挥发性，受热易挥发，宜在产品快出锅时添加。醋酸还可与乙醇生成具有香味的乙酸乙酯，在糖醋制品中添加适量的酒，可使制品具有特别的香味。

3. 料酒　中式肉制品中常用的料酒有黄酒和白酒，其主要成分是乙醇和少量的脂类。它可以除膻味、腥味和异味，并有一定的杀菌作用，赋予制品特有的醇香味，使制品回味甘美，增加风味特色。黄酒应色黄澄清，味醇正常；白酒应无色透明，具有特有的酒香气味。在生产腊肠、酱卤等肉制品时料酒是必不可少的调味料。

4. 调味肉类香精　调味肉类香精是以肉类为原料，经过蛋白酶适当降解成短肽和氨基酸，加还原糖后在适当的温度条件下发生褐变反应生成的风味物质，经一定的技术处理而生产的粉状、水状、油状调味香精。包括猪、牛、鸡、羊肉、火腿等各种肉味香精，可直接添加或混合到肉类原料中。

二、香辛料

香辛料是某些植物的果实、花、皮、蕾、叶、茎、根，它们具有辛辣和芳香性风味成分。其作用是赋予产品特有的风味，抑制或矫正不良气味，增进食欲，促进消化。

1. **葱** 各种葱具有强烈的葱辣味和刺激味，可压腥去膻，促进食欲，广泛用于肉制品加工中。

2. **蒜** 有强烈的辛辣味，具有调味、压腥、去膻的作用，还有较强的杀菌作用，常用于灌肠制品。

3. **姜** 味辛辣，具有调味增香、去腥解腻、杀菌防腐作用，常用于酱制、红烧制品。

4. **胡椒** 胡椒有黑胡椒和白胡椒两种。未成熟果实干后是黑胡椒，成熟后去皮晒干的称为白胡椒。黑胡椒的辛香味比白胡椒强，而白胡椒色泽好。胡椒具有特殊的辛辣刺激味和强烈的香气，兼有除腥臭、防腐和抗氧化作用。

胡椒是制作咖喱粉、辣酱油、番茄沙司不可缺少的香辛料，是腌腊、酱卤制品常用的香辛料，是西式肉制品的主要香辛料，用量一般为0.3%左右。

5. **花椒** 花椒能赋予制品适宜的香麻味，常用于腌制、酱卤制品，是五香粉的原料之一。使用量一般为0.2%～0.3%。

6. **大茴香** 大茴香俗称大料、八角，系木兰科的常绿乔木植物的果实，有增香、去腥防腐作用，是肉品加工中广泛使用的香辛料。

7. **小茴香** 小茴香俗称茴香，系伞形科多年草本植物茴香的种子，有增香调味，防腐防膻的作用。

8. **桂皮** 桂皮又称肉桂，系樟科植物肉桂的树皮及茎部表皮经干燥而成。桂皮常用于调味和矫味。在烧烤、酱卤制品中加入，能增加肉品的复合香气味。

9. **白芷** 系伞形多年生草本植物的根块，有特殊的香气，味辛。具有去腥作用，是酱卤制品中常用的香料。

10. **丁香** 为桃金娘科常绿乔木的干燥花蕾及果实，具有特殊的浓烈香气，兼有桂皮香味。对提高制品风味具有显著的效果，但对亚硝酸盐有消色作用。

11. **山柰** 山柰又称砂姜。系姜科多年生木本植物山柰的根状茎的干片，具有较强烈的香气味。山柰有去腥提香，抑菌防腐和调味的作用。是卤汁、五香粉的主要原料之一。

12. **砂仁** 系姜科多年生草本植物的干燥果实，一般除去黑果皮（不去果皮的叫苏砂），具有矫臭去腥，提味增香的作用。含有砂仁的制品，清香爽口，并有清凉口感。

13. **肉豆蔻** 肉豆蔻亦称豆蔻、肉蔻、玉果。属肉豆蔻科肉豆树的成熟干燥种仁，不仅有增香去腥的调味功能，还有抗氧化作用，在肉制品中普遍使用。

14. **甘草** 系豆科多年生草本植物的根，常作为矫味剂和甜味剂用于酱卤制品中。

15. **陈皮** 芸香料常绿小乔木植物橘树的干燥果皮。肉制品加工中作卤汁、五香粉等调香料，可增加制品复合香味。

16. **草果** 系姜科多年生草本植物的果实，可用整粒或粉末作为烹饪香料，主要用于酱卤制品和烧炖牛、羊肉中，可去膻压腥味。

17. **月桂叶** 系樟科常绿乔木月桂树的叶子，常用于西式产品及罐头制品，在汤、鱼等菜肴中也常被使用。

18. **咖喱粉** 咖喱粉是一种混合香料，通常是以姜黄、白胡椒、芫荽子、小茴香、姜片、桂皮、八角、花椒、芹菜子等按一定比例配制研磨而成，是肉品加工和中西菜肴重要

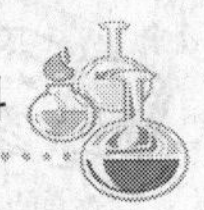

的调味品。其有效成分多为挥发性物质，在使用时为了减少挥发损失，宜在制品临出锅前加入。有提味、增香、去腥膻、增色的作用。

19. 五香粉　五香粉是以花椒、八角、小茴香、桂皮、丁香等香辛料为主要原料配制而成的复合香料。各地使用配方略有差异。

第二节　添加剂

为了增强或改善食品的感官性状，延长保存时间，满足食品加工工艺过程的需要或某种特殊营养需要，常在食品中加入天然的或人工合成的无机或有机化合物，这种添加的无机或有机化合物统称为添加剂。肉制品加工中使用的添加剂，根据其目的不同大致可分为发色剂、发色助剂、着色剂、品质改良剂、防腐剂和抗氧化剂等，其使用量在我国《食品添加剂使用卫生标准》（GB 2760—2007）中有明确的规定。

一、护色剂

肉制品中常用的护色剂有硝酸盐及亚硝酸盐、异抗坏血酸及其钠盐。

1. 硝酸盐　硝酸盐主要有硝酸钾（硝石）和硝酸钠，为无色的结晶或白色的结晶性粉末，无臭稍有咸味，易溶于水。硝酸盐在肉中亚硝酸盐菌或还原物质作用下，还原成亚硝酸盐，然后与肉中的乳酸反应而生成亚硝酸，亚硝酸再分解生成一氧化氮，一氧化氮与肌肉组织中的肌红蛋白结合生成亚硝基肌红蛋白，使肉呈现鲜艳的肉红色。可用于肉制品中，最大使用量为0.5g/kg，残留量以亚硝酸钠（钾）计，残留量≤30mg/kg。

2. 亚硝酸盐　主要有亚硝酸钠和亚硝酸钾，为白色或淡黄色的结晶性粉末，吸湿性强，长期保存必须密封在不透气的容器中。其作用比硝酸盐大10倍，有抑菌作用。但是仅用亚硝酸盐的肉制品，在贮藏期间褪色快，对生产过程长或需长期存放的制品，最好使用硝酸盐。肉制品中亚硝酸盐最大使用量为0.15g/kg，残留量以亚硝酸钠（钾）计，残留量≤30mg/kg。

3. 异抗坏血酸及其盐类　有很强的抗氧化性，能促进肉制品发色，最大使用量为：肉制品0.5g/kg，肉类罐头中1.0g/kg。

二、着色剂

着色剂也称食用色素，是指为使食品具有鲜艳而美丽的色泽，改善感官性状以增进食欲而加入的物质。在肉制品加工中，常用天然色素有：红曲米、姜黄素、焦糖色素等。

1. 红曲米和红曲红　红曲米和红曲红具有对pH稳定，耐热耐化学性强，对蛋白质着色好以及色泽稳定，安全性高等优点。用于腌腊肉制品和熟肉制品中，可按生产需要适量使用。

2. 焦糖色　焦糖又称酱色或糖色，是红褐色或黑褐色的液体，也有的呈团体状或粉末状，具有焦糖香味和愉快苦味。焦糖颜色稳定，常用于酱卤、红烧等肉制品的着色和调味，也可用于调理肉制品中，按正常生产需要适量使用。

3. 辣椒红、辣椒橙 辣椒红、辣椒橙为具有特殊气味和辣味的深红色、橙红色黏性油状液体；溶于大多数非挥发性油，几乎不溶于水；耐酸性好，耐光性稍差。在熟肉制品中可按生产需要适量使用。在调理肉制品中最大使用量为0.1g/kg。

此外，胭脂虫红、胭脂树橙、诱惑红及其铝色淀均可用于西式火腿、肉灌肠中，最大使用量为0.025g/kg。肉灌肠中还可用花生衣红，最大使用量为0.4g/kg。

三、水分保持剂及增稠剂

在肉制品加工中，可以增强肉制品的弹性和结着力，增加持水性，改善制成品的鲜嫩度，并提高出品率的一类物质统称为品质改良剂。我国常用的品质改良剂有下列几种。

1. 磷酸盐类 磷酸盐类可提高肉的保水性能，使肉制品的嫩度和黏性增加，既可改善风味，也可提高成品率，肉制品中允许使用的磷酸盐有焦磷酸钠、三聚磷酸钠和六偏磷酸钠。

（1）焦磷酸钠。系无色或白色结晶性粉末，溶于水，不溶于乙醇，能与金属离子络合。本品具有增加制品弹性、改善风味和抗氧化作用。常用于预制肉制品、熟肉制品，最大使用量不超过5.0g/kg。

（2）三聚磷酸钠。系无色或白色玻璃状块、片或白色粉末，有潮解性，水溶液呈碱性，有很强的乳化性，能增加肉的黏着力，还能防止制品变色、变质。最大使用量为：预制肉制品、熟肉制品5.0g/kg，肉类罐头1.0g/kg。

（3）六偏磷酸钠。系无色粉末或白色纤维状结晶或玻璃块状，潮解性强。对金属离子螯合力、缓冲作用、分散作用均很强。本品能促进蛋白质凝固，常与其他磷酸盐混合成复合磷酸盐使用，也可单独使用。最大使用量为：预制肉制品、熟肉制品5.0g/kg，肉类罐头1.0g/kg。

磷酸盐溶解性较差，因此在配制腌制液时要先将磷酸盐溶解后再加入其他腌制料。各种磷酸盐混合使用比单独使用好，混合的比例不同，效果也不一样。在肉制品加工中，焦磷酸盐、三聚磷酸盐及六偏磷酸钠复合使用时，最大使用量为：以磷酸盐计预制肉制品、熟肉制品5.0g/kg，肉类罐头1.0g/kg。参考混合比例见表3-1。

表3-1 几种复合磷酸盐混合比 单位：%

类别	一	二	三	四	五
焦磷酸钠	—	2	48	48	40
三聚磷酸钠	28	26	22	25	40
六偏磷酸钠	72	72	30	27	20

2. 沙蒿胶 沙蒿胶纯粉性状为乳黄色粉末，是一种功能性高吸水植物树脂胶，可在水溶液中极限溶胀近千倍，形成强韧的网状凝胶体，用作肉制品的增稠剂。最大使用量为：预制肉制品、西式火腿、肉灌肠类0.5g/kg。

3. 亚麻子胶 亚麻子胶是一种天然高分子亲水胶体，其主要成分是由阿拉伯糖、半

乳糖、葡萄糖分子等构成的多糖与蛋白质形成的共价复合物。亚麻子胶与水作用可形成弹性很强的凝胶，并具有很强的乳化性、保水性，能防止淀粉回生。最大使用量为熟肉制品5.0g/kg，西式火腿、肉灌肠类3.0g/kg。

4. **脱乙酰几丁质** 又叫壳聚糖，是甲壳质的一种衍生物，它是从蟹壳、虾壳中提取的一种天然阳离子多糖，为白色或灰白色结晶性粉末，能溶于部分有机酸和稀无机酸中（不溶于稀的硫酸、磷酸）。壳聚糖有很高的保水性，添加于肉制品中达到增稠、凝胶、稳定乳液等效果。壳聚糖有良好的生物降解性，降解产物无毒、无害，而且能在食品表面形成半透膜，从而有效地控制微生物的侵入。最大使用量为西式火腿、肉类灌肠中6.0g/kg。

5. **刺云实胶** 又叫他拉胶，是豆科的刺云实种子的胚乳经研磨加工而成，主要成分是半乳甘露聚糖组成的高分子量多糖类，为白色至黄白色粉末，气味无臭，溶于水，不溶于乙醇。其性质相当稳定，具有很强的吸湿性，遇水浸渍溶胀，能产生很高的黏度。在预制肉制品中通常用刺云实胶与其他胶体混合使用，最大使用量为10.0g/kg。

此外，淀粉具有吸油性、乳化性和保水性，可改善肉制品的外观和口感，使肉制品出品率大大提高。

四、抗氧化剂

肉制品中使用的抗氧化剂主要有丁基羟基茴香醚、二丁基羟基甲苯、没食子酸丙酯、特丁基甲苯、L-抗坏血酸及其钠盐、异抗坏血酸及其钠盐、迷迭香提取物、竹叶抗氧化物、植酸及钠盐、甘草抗氧化物、茶多酚等。

1. **二丁基羟基甲苯** 简称BHT，为白色结晶或结晶粉末，无味，无臭；能溶于多种溶剂，不溶于水及甘油；对热相当稳定；与金属离子反应不会着色。最大使用量为0.2g/kg。使用时，可将BHT与盐和其他辅料拌匀，一起掺入原料内进行腌制。也可以先溶解于油脂中，喷洒或涂抹于肉品表面。

2. **丁基羟基茴香醚** 简称BHA，为白色或微黄色的蜡状固体或白色结晶粉末，带有特异的酚类臭气和刺激味；对热稳定；不溶于水，溶于有机溶剂和动物油；有较强的抗氧化作用和抗菌能力。使用方便，但成本较高。它是目前国际上广泛应用的抗氧化剂之一。最大使用量（以脂肪计）为0.01%。

3. **没食子酸丙酯** 简称PG，为白色或浅黄色晶状粉末，无臭、微苦；易溶于有机溶剂，难溶于脂肪和水；对热稳定；加柠檬酸可增强抗氧化作用；能与金属离子作用着色。使用范围同BHA或BHT，腌腊肉制品中的最大使用量为0.1g/kg。

4. **特丁基对苯二酚** 简称TBHQ，为白色或微红褐色结晶粉末；有一种极淡的特殊香味；几乎不溶于水，溶于有机溶剂和动、植物油等。TBHQ比BHT、BHA、PG具有更强的抗氧化能力和抗菌能力。不得与PG混合使用。在腌制肉制品中最大使用量为0.2g/kg。

5. **竹叶抗氧化物** 简称AOB，抗氧化成分包括黄酮、内酯和酚酸类化合物，为黄色或棕黄色的粉末或颗粒，具有平和的风味及口感，可溶于水和乙醇，有吸湿性，在干燥状态下相当稳定。其特点是既能阻断脂肪自动氧化反应，又能螯合过滤态金属离子，此外还

有较强的抑菌作用。在肉制品中最大使用量为0.5g/kg。

6. **茶多酚** 茶多酚是从茶叶中提取出来的30多种多羟基酚类化合物的总称，为白褐色粉末，易溶于水，对酸、热比较稳定，遇铁变绿黑色络合物，在潮湿空气中能被氧化成棕色物，抗氧化能力是BHT、BHA的两倍多。对罐头类食品中耐热的芽孢菌等具有显著的抑制和杀灭作用。最大使用限量（以油脂中的儿茶素计）为：腌腊制品0.4g/kg，其他肉制品中均为0.3g/kg。

7. **迷迭香提取物** 迷迭香的提取物为淡绿色至黄色粉末，含鼠尾草酚和鼠尾草酚酸等多种有效抗氧化成分，天然无毒，抗氧化功效比茶多酚强，是BHA、BHT的2～4倍，且结构稳定，不易分解，耐高温，可分为油溶性和水溶性两种。添加于预制肉制品、酱卤制品、油炸制品、西式火腿、肉灌肠类发酵肉制品中，可延长保质期，最大使用量为0.3g/kg。

8. **植酸** 植酸是从米糠、麦麸等谷类和油料种子的饼粕中分离出来的含磷有机酸，为浅黄色液体或褐黄色浆状液体，易溶于水，能与金属离子螯合成白色不溶性化合物。其水溶液具有很强的酸性，受热会分解，但在120℃以下短时间内或浓度较高时比较稳定，对光稳定，对微生物不稳定，能被植酸酶分解，对酵母菌敏感，易发酵被破坏。可用于腌腊肉制品、酱卤制品、油炸制品、西式火腿、肉灌肠类发酵肉制品，最大使用量为0.2g/kg。

此外，还可用甘草抗氧化物作为腌腊肉制品、酱卤制品、油炸制品、西式火腿、肉灌肠类发酵肉制品的抗氧化剂。其主要化学成分为黄酮类和类黄酮类物质，为棕红色粉末，具有甘草特有的气味，不溶于水，溶于乙酸乙酯等有机溶剂，耐光、耐氧、热稳定性好。最大使用量为0.2g/kg。

五、防腐剂

防腐剂是具有杀死微生物或抑制其生长繁殖作用的一类物质。在肉品加工中常用的防腐剂有以下几种：

1. **山梨酸及其钾盐** 山梨酸系白色结晶粉末或针状结晶，几乎无色无味；较难溶于水，易溶于一般有机溶剂；耐光耐热性好。山梨酸钾易溶于水和乙醇，其防腐效果随pH的升高而降低，适宜在pH为5.0～6.0以下范围使用，对霉菌、酵母和好气性细菌均有抑制其生长的作用。最大使用量为：以山梨酸计，熟肉制品中为0.0765g/kg，肉灌肠类制品中为0.15g/kg。

2. **纳他霉素** 纳他霉素为白色或奶油色的无味结晶状粉末，微溶于水、甲醇，溶于稀酸、冰醋酸及二甲苯甲酰胺，难溶于大部分有机溶剂。在大多数食品的pH范围内非常稳定，有一定的抗热能力，在干燥状态下相对稳定，对紫外线较为敏感，其稳定性受氧化剂和重金属的影响，是一种天然、广谱、高效、安全的酵母菌及霉菌等丝状真菌抑制剂。在肉制品中主要用于发酵肉制品，酱卤制品，熏、烧、烤制品和油炸制品、灌肠制品，西式火腿等，表面使用，混悬液喷雾或浸泡，最大使用量为0.3g/kg，残留量小于10mg/kg。

3. **乳酸链球菌素** 是通过乳酸链球菌发酵产生的一种小分子肽，为白色的易流动的粉末，耐热、耐酸性能优良，随着碱性增强，生物活性也减弱，抗菌效果最佳pH为

6.5～6.8，但这个范围内稳定性也最差。它对革兰阳性菌，尤其是对造成肉制品严重危害的许多耐热芽孢菌有着强烈的抑制作用，但对革兰阴性细菌、酵母、霉菌的抑制效果不好。在预制肉制品、熟肉制品中的最大使用量为0.5g/kg。

另外，在预制肉制品、熟肉制品中还可以使用双乙酸钠作为防腐剂。双乙酸钠又名二醋酸一钠，是一种安全的防腐剂，其最终产物是水和二氧化碳。其在肉制品中的使用量为3.0g/kg。

复习思考题

1. 简述发色剂及发色助剂的种类及发色原理。
2. 简述肉制品中常用的天然品质改良剂的种类及作用。
3. 可用于肉制品的天然抗氧化剂有哪些？它们的抗氧化成分是什么？
4. 纳他霉素和乳酸链球菌素的抗菌作用有何不同？
5. 磷酸盐在加工肉制品中的作用是什么？

第四章

肉 制 品 加 工

学习目标

了解各类肉制品的分类及特点；掌握各类肉制品加工原理、加工工艺及操作要点。

第一节　腌腊肉制品

腌腊肉制品是我国传统肉制品之一，指以畜禽肉为原料，经选料、修整、调味、腌制（或不腌制）、绞碎（或切块或整体）、成型（或充填），再经晾晒（或风干或低温烘烤）、包装等工艺制作，食用前需热加工的一类预制食品。腌腊肉制品具有肉质紧密坚实、色泽红白分明、滋味咸鲜可口、风味独特、便于携运和耐贮藏等特点，形成了肉制品加工的一种独特工艺。腌腊肉制品主要包括腊肉、咸肉、板鸭、腊肠、香肚、中式火腿和西式火腿等。

一、腌制原理

肉的腌制是用食盐、糖或以食盐为主并添加硝酸盐和香辛料等对原料肉进行浸渍的过程。随着腌制技术的发展，在腌制肉时还加入磷酸盐、植物胶等以提高肉的保水性，获得较高的成品率，同时腌制能改善肉制品的风味和色泽，改善肉制品的品质，是许多肉制品加工的一个重要环节。

1. **色泽的形成**　腌腊制品的发色原理是在肉中加入硝酸盐或亚硝酸盐后，与肌肉中的血红蛋白和肌红蛋白反应生成鲜红色的亚硝基血红蛋白和亚硝酸基肌红蛋白，但因腌腊制品含水量低，成色物质浓度较高，色泽更加鲜亮。

2. **风味的形成**　肉经腌制后形成了特殊的腌制风味。在通常条件下，出现特有的腌制香味需要腌制 10～14d，腌制 21d 香味更明显，40～50d 达到最大限度，低浓度盐腌制的猪肉制品，风味比高浓度盐腌制的好。腌肉香味产生与贮藏过程中脂肪的氧化、加入的亚硝酸盐和盐水有关。加入亚硝酸盐腌制的火腿，羰基化合物的含量是不加的 2 倍。

3. **保藏性及安全性**　腌腊肉制品之所以在常温中能较长时间的保存而不易变质，其主要原因是在腌制和风干成熟过程中，已脱去大部分水分。其次是腌制时添加食盐、硝酸盐能起抑菌作用。只要按照国家标准量添加硝酸盐及亚硝酸盐，是可以保证肉制品的安全性的。

二、腌制的方法

肉类腌制的方法可分为干腌、湿腌、盐水注射及混合腌制法四种。

（一）干腌法

干腌是用食盐或混合盐涂擦在肉的表面，然后层堆在腌制架上或层装在腌制容器内，依靠外渗汁液形成盐液进行腌制的方法。干腌法腌制时间较长，失水较大，但腌制品有独特的风味和质地。

干腌法的优点是操作简便，制品易于保藏，营养成分损失少（蛋白质流失量仅为0.3%～0.5%），腌制品有独特的风味和质地；缺点是腌制时间较长，腌制不均匀，制品失重大，味太咸，色泽较差。

（二）湿腌法

湿腌法就是将肉浸泡在预先配制好的食盐溶液中，并通过扩散和水分转移，让腌制剂渗入肉内部。湿腌法一般用15.3～17.7波美度的盐溶液（加入1%的硝酸盐）。

湿腌的优点是腌制品的盐分均匀，盐水可重复利用，肉质柔软，腌制速度较快；缺点是制品的色泽和风味不及干腌制品，蛋白质流失多，含水分多，不宜保藏，另外卤水容易变质，保存较难。

（三）盐水注射法

为了加快食盐的渗透，防止腌肉的腐败变质，目前广泛采用盐水注射法。注射多采用专业设备，一排针头可多达20枚，每一针头中有多个小孔，由于针头数量大，两针相距很近，因而注射至肉内的盐液分布较好。此外，为进一步加快腌制速度和盐液吸收程度，注射后通常采用按摩或真空滚揉操作，以提高制品保水性，改善肉质。

注射液中的主要成分有食盐、硝酸盐、亚硝酸盐、抗坏血酸钠、磷酸盐、香辛料、调味料及增稠剂。

（四）混合腌制法

利用干腌和湿腌互补性的一种腌制方法。用于肉类腌制可先行干腌，而后放入容器内用盐水腌制。

干腌和湿腌相结合可以减少营养成分流失，防止产品过度脱水，增加制品贮藏时的稳定性，使咸度适中。

三、腌腊制品的加工

（一）金华火腿加工

火腿是采用鲜猪后腿，经腌、洗、晒等工序加工而成的，因其色似火而得名。我国火腿的特点是皮薄爪细，颜色鲜艳，肥瘦适宜，香而不腻，风味独特，耐贮藏。以浙江的金华火腿、云南的宣威火腿最著名。金华火腿的制作工艺流程见图4-1。

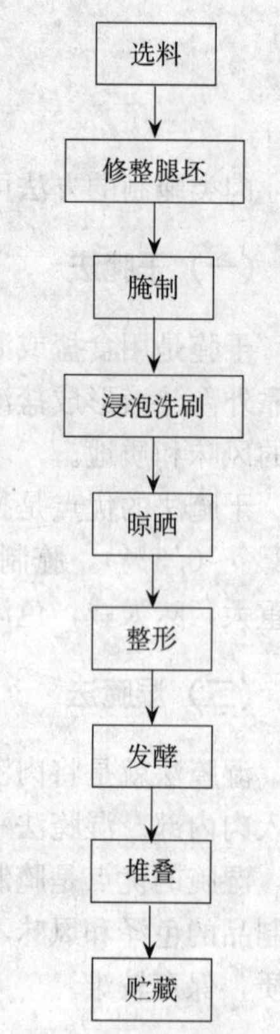

图4-1 金华火腿制作工艺流程

1. 选料 选用饲养期短、肉质鲜嫩、皮薄爪细、瘦多肥少，腿心饱满的金华“两头乌”猪的后腿为加工原料。一般质量为5～7.5kg为最佳。

2. 修整腿坯 选好的猪腿应摊放或吊挂并当日加工。将腿面的残毛、污血去掉，削平耻骨，去脊骨、尾椎，割除腿表面及四周表面脂肪、赘肉，使腿边呈弧形。

3. 腌制 腌制是火腿加工制作最重要的技术环节。腌制最适宜的温度为8℃左右。腌制用盐的量，一般为鲜腿质量的9%～10%。在整个腌制期间，大致分5～6次上盐腌制。

(1) 第一次上盐。又称小盐，是在整个鲜腿的肌肉表面敷撒一薄层盐，占总用盐量的15%～20%。敷盐后肉面朝上，堆叠8～10层，腌制24h左右。如温度超过20℃以上，表面食盐12h内便可溶化，应立即补充上盐。第一次上盐腌制后，鲜肉表面湿润松软，肉色变暗。

(2) 第二次上盐。于第一次敷盐后24h进行第二次翻腿上盐。上盐量约占总用盐量的50%，又称上大盐。腰椎骨、耻骨关节和大腿上部的肌肉层厚处（三签头），需加大上盐量，并加少许硝酸钠。经过第二次腌制后，肉色变暗红，肌肉脱水变结实，中间肌肉呈凹陷，周边脂肪变得突起而丰满，腿形变扁平。

(3) 第三次上盐。距第二次上盐3d后，根据腿重大小和肌肉厚薄，均匀调整用盐。这次占总用盐量的15%左右。

(4) 第四次上盐。于第三次上盐的4～5d后进行，用盐量只占总用盐量的5%左右。检查三签头（图4-2）处盐的溶化情况，如大部分已溶化需再补盐，将未溶解的食盐收拢到肉厚部位继续腌制。腌腿的堆叠层数可适当增加，用以加大压力，促进腌透。

(5) 第五、六次上盐。一般是在腌腿之后的第10～15d进行，这两次上盐的间隔时间

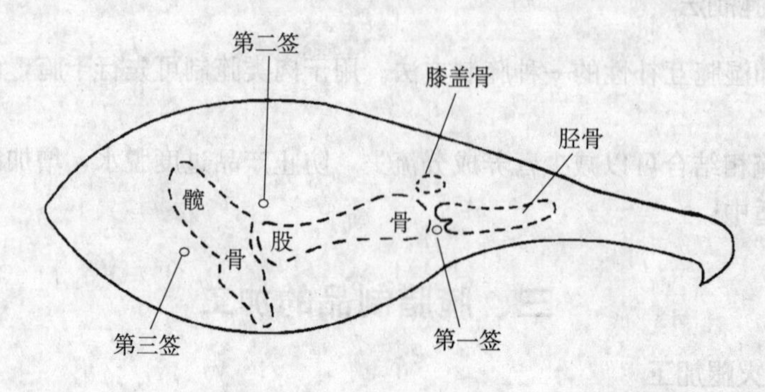

图4-2 火腿三签部位

为7d左右。此时腿面大部已腌透，只需在脊椎骨下尚未腌透的松软部分敷撒少许盐。腌制30～45d之后，便可洗刷晾晒。腌透的火腿肉面有薄层结晶状盐霜，肉质坚硬，肉色由暗变红。

4. 浸泡洗刷　将腌制好的火腿置于清水之中，肉面朝下，浸泡10h左右，仔细刷洗火腿皮面、蹄爪、肉面所有污物与油垢。再浸泡于清水中洗刷干净。

5. 晾晒与整形　经过浸泡洗刷的火腿，用绳系结悬挂于晾晒架，约晾晒4h，待肉面微干无水时打印商标。再经3～4h的挂晾，趁皮面尚软时整形，以使火腿的小腿伸直，脚爪弯曲，皮面压平，腿心丰满和外形美观。

整形后还要在10℃左右的温度下，再晾晒3～4d，保持适宜的水分含量。使腿形固定，皮呈黄色或淡黄，皮下脂肪洁白，肉面呈紫红色，腿面平整，肌肉坚实。

6. 发酵、修整　经整形晾晒的火腿，只是味道近似咸肉的半成品。必须挂晾于库房内，继续进行2～3个月的发酵分解，逐渐形成特殊的芳香肉味，皮面呈现橘黄色，肉面外观油润。发酵完成后，腿部肌肉干燥收缩，腿骨外露，需要进一步修整，使腿身呈柳叶形。

7. 堆叠、贮藏　经发酵修整后的火腿，按腿的大小，使其肉面朝上，皮面朝下，层层堆叠，堆高不超过15层。每10d左右翻倒1次，结合翻倒将流出的油脂涂于肉面，使肉面保持油润光泽不显干燥。堆叠过夏的火腿风味更佳。用真空包装，于20℃下可保存3～6个月。

（二）腊肉制作

腊肉多在农历腊月加工，故称腊肉。各地腊肉制作及配料大同小异。腊肉制作工艺流程见图4-3。

配料：鲜肉50kg、精盐1.5kg、硝酸钠25g、大曲酒0.9kg、蔗糖2kg、酱油2kg。

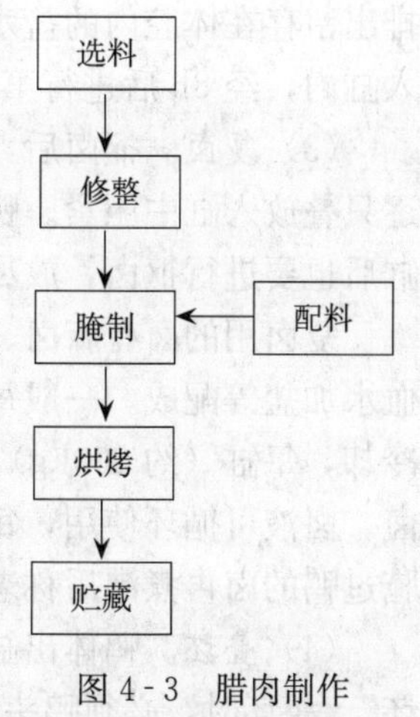

图4-3　腊肉制作工艺流程

1. 选料及修整　选用带皮的猪后腿肉、肋条肉，除尽皮上的猪毛、奶脯，剔去骨头，竖切成长约36cm、宽3～4cm、1.5kg左右的肉条。在肉条上端刺一小孔，穿入麻绳，以备悬挂。整好后，用温水洗去肉表面浮油，沥干水分。然后在肉皮上喷洒少量的白酒，以利于肉皮软化。

2. 腌制　将配料混合均匀，涂擦在肉条表面，再将肉条逐层放入缸内或池中腌制。1～2d翻缸1次，7～10d出缸，用清水洗净，吊在干燥通风的地方晾干肉块表面的水分。

3. 烘制　将晾干的肉用竹竿挂在烘房的木架上用炭火烘烤，开始火力要小，温度控制在40℃左右，经过2h后，逐渐升温到55℃，烘烤12h，然后在50℃左右烘烤3d左右，当瘦肉为紫红色，肥肉透亮时即可取出。也可用柏树枝、锯末进行熏烤，或将腌好的肉条放在日光下曝晒，一直晒到表面出油为止。

4. 贮藏　烘烤好的腊肉呈金黄色，味香鲜美，条肉整齐，出品率在70%以上。吊挂在干燥通风处，可保存3个月；用聚乙烯塑料袋真空包装，在20℃的温度下，可保存6个月；0～4℃冷库中可保存9～12个月。

（三）板鸭加工

板鸭是咸鸭的一种，我国以南京产板鸭最为有名。南京板鸭有腊板鸭（小雪到立春期间制作）和春板鸭（立春到清明期间制作）之分。板鸭皮肤呈白或乳白色，肉切面平紧，呈玫瑰色，腿部发硬，周身干燥，皮面光滑无皱纹，胸部凸起，颈椎露出，外形扁圆状，有香味。其加工工艺流程如图4-4所示。

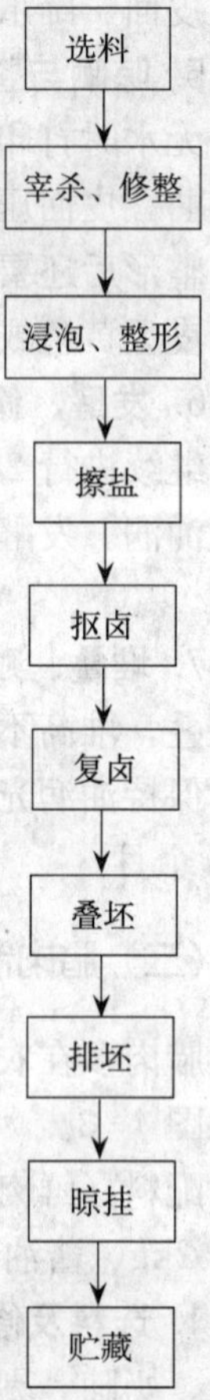

选料 → 宰杀、修整 → 浸泡、整形 → 擦盐 → 抠卤 → 复卤 → 叠坯 → 排坯 → 晾挂 → 贮藏

图4-4　南京板鸭制作工艺流程

1. **原料选择**　选择体重1.5kg以上的优质瘦肉型鸭，以肌肉丰满、鸭体皮肤洁白为宜。

2. **宰杀、修整**　鸭屠宰后，尽快烫毛、烟毛、清洗。将浸洗后的鸭体切去翅尖和脚爪，在右翅下开一长6～7cm的小口，取出食管嗉囊及全部内脏。

3. **浸泡、整形**　浸泡前先用清水洗净鸭体残余血污，再放入清水浸泡4～5h，使肌肉洁白。然后取出用手掌压扁鸭胸部三叉骨，使鸭体呈扁长方形。

4. **腌制**　腌制分擦盐、抠卤、复卤、叠坯等工序。

（1）擦盐。用炒熟磨细的食盐（加6%的八角粉）擦遍鸭身内外，每只用盐量为鸭净重的1/15。

（2）抠卤。擦盐后的鸭逐只叠放入缸中，经12h左右，鸭肉中一些水分、血液被盐拔出。用左手提鸭翅，右手两指撑开泄殖腔，排出留存在体腔内的盐水的过程称抠卤。第一次抠卤后将鸭体再放入缸内，经8h后进行第二次抠卤。

（3）复卤。抠卤后，从鸭右翅刀口处灌满预先配好的老卤，再逐只叠放入缸中压紧。鸭在卤缸中腌浸24h即可全部腌透出缸。出缸后也要进行抠卤，放尽鸭体内残留的卤水。

复卤用的卤有新卤、老卤之分。新卤是用去内脏后浸泡鸭体的血水加盐等配成。一般每50kg血水中加盐25kg，煮沸，撇去血和污物，澄清后倒入缸内冷却，每缸（约200kg）中加入生姜100g、茴香25g、葱150g，使卤产生香味，得到新卤。卤液可循环使用，每复卤一次要补加食盐和香辛料，使食盐溶液始终保持饱和状态，腌过鸭的卤再煮沸后称老卤。

（4）叠坯。鸭体出缸后，沥尽卤水并压扁，再叠入缸内腌制2～4d，这一过程称“叠坯”。叠坯时，必须鸭头向缸中心，以免刀口渗出的血水污染鸭体。

5. **排坯、晾挂**　叠坯后将鸭子出缸洗净，挂在木档钉上，将颈部拉开，胸部拍平，挑起腹肌，使鸭体外形美观，然后挂在通风处，使鸭体肥大美观，同时使鸭体内部通气。这个过程称为排坯。待鸭体皮干水尽后，再收回复排，加盖印章转入通风良好的仓库保管，经14d左右即成板鸭。

6. **贮藏** 要挂在阴凉通风的地方。大雪前、小雪后加工板鸭，能保存1～2个月。大雪后加工的“腊板鸭”可保存3个月，立春后清明节前加工的“春板鸭”，仅能保存1个月。存放在0℃左右的冷库内，可保存更长的时间。

（四）盐水火腿加工

盐水火腿是将猪肉块除去脂肪、筋膜、腱，采用盐水注射，滚揉按摩，定量装听或装模，经煮制加工而成的西式肉制品。该产品质量高、营养好、成本低、成品肉质柔嫩光滑，富有弹性，外形完整，切片性好，色泽淡红，咸淡适中。成品率在105%～150%。其包装有罐头听装、压模成型后塑料薄膜包装，也有用肠衣包装等几大类。盐水火腿的工艺流程见图4-5。

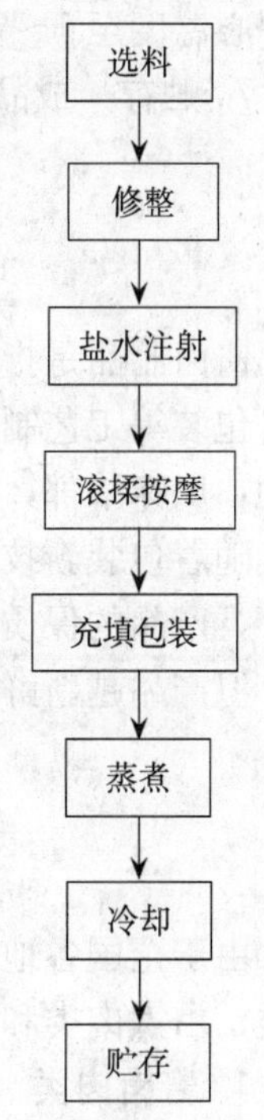

图4-5 盐水火腿加工工艺流程

盐水火腿参考配方如下：

猪瘦肉50kg、精盐1.1kg、味精0.15kg、磷酸盐150g、亚硝酸钠5g、肉豆蔻粉15g、胡椒粉30g、桂皮粉10g、葡萄糖30g、异抗坏血酸钠25g。

1. **原料肉的选择** 用于生产火腿的原料肉选猪的臀腿肉和背腰肉。若选用热鲜肉作为原料需冷却至肉的中心温度为0～4℃；如用冷冻肉，宜在0～4℃冷库内进行解冻。

2. **修整** 选好的原料肉要去除皮、骨、结缔组织膜、脂肪和筋腱，然后按肌纤维方向将原料肉切成不小于300g的大块。修整时应尽可能少地破坏肌肉的纤维组织，并尽量保持肌肉的自然生长块型。

3. **盐水配制及注射** 腌制液中主要成分有食盐、亚硝酸盐、糖、味精、磷酸盐、调味料、增稠剂等。按照配方要求将配料用0～4℃的软化水充分溶解后过滤，以防堵塞注射器针头，注射量依成品种类不同为10%～30%。

注射完毕把肉放入不锈钢容器内腌制3～5d，也可直接放入滚揉机内滚揉。按照腌制液配方要求将配料用0～4℃的软化水充分溶解，然后进行过滤，以防堵塞注射器针头。

4. **滚揉按摩** 肌肉在滚揉机内不断地揉擦、翻滚、碰撞，使肌纤维松散，加速腌制液的扩散分布，同时蛋白质浸出，制品嫩度得到改善。

滚揉一般采用间隙滚揉，每小时滚揉20min（其中顺时针、逆时针各10min），停止40min，反复16～18h。滚揉温度应控制在6～8℃，滚揉快结束时再加入异抗坏血酸钠、淀粉。滚揉好的肉块肉质柔软无硬性感觉，肉块表面发黏，表面色泽呈均匀的淡红色。

5. **充填包装** 滚揉以后的肉料，通过真空火腿压模机将肉料压入模具中成型。火腿压模成型包括塑料膜压膜成型和人造肠衣成型两类。人造肠衣成型是将肉料用充填机灌入人造肠衣内，用手工或机器封口，再经熟制成型。塑料膜压模成型是将肉料充入塑料膜内再装入模具内，压上盖，蒸煮成型，冷却后脱膜包装而成。充填间温度应在10℃以下。

6. **蒸煮与冷却** 火腿的加热方式一般有水煮和蒸汽加热两种方式。金属模具火腿多用水煮办法加热，人造肠衣火腿多在全自动烟熏室内完成熟制。为了保持火腿的颜色、风味、组织形态和切片性能，火腿的熟制和热杀菌过程一般采用低温巴氏杀菌法，即火腿中心温度达到 68～72℃即可。若肉的卫生品质偏低时，温度可稍高，以不超过 80℃为宜。

蒸煮后的火腿应立即进行冷却。采用水浴蒸煮法加热的产品，应放置于冷却槽中用流动水冷却，冷却到中心温度 40℃以下。用全自动烟熏室进行煮制后，可用喷淋冷却水冷却，水温要求 10～12℃，冷却至产品中心温度 27℃左右，送入 0～7℃冷却间内冷却到产品中心温度至 1～7℃，再脱模进行包装即为成品。

7. **贮存** 成品贮存于 4℃左右的室内。

第二节 酱卤肉制品

酱卤制品是指以畜禽肉为原料，经选料、修整、调味、腌制（或不腌制）、煮熟、冷却、包装等工艺制作的开袋即食的一类预制食品。其主要特点：成品都是熟肉制品，产品酥润，风味浓郁，可直接食用，有些产品带卤汁，不易包装和贮藏，适于现做、现售、现吃。随着包装新技术的应用，酱卤制品采用真空包装，二次杀菌后，在 0～4℃的环境下保存，产品的保质期一般不超过三个月，如果是铝箔真空包装的产品保质期最长不超过一年，但产品越新鲜口味越好。

一、酱卤制品的分类和特点

由于全国各地的消费习惯、加工方法和使用的配料不同，形成了许多品种，包括酱卤肉类、白煮肉类和糟肉类三类。

1. **酱卤肉类** 肉在水中加食盐或酱油等调味料和香辛料一起煮制而成的一类熟肉类制品。有的酱卤肉类的原料肉在加工时，先用清水预煮 15～20min，然后再用酱汁或卤汁煮制成熟，某些产品在酱制或卤制后，需烟熏等工序。酱卤肉类的主要特点是色泽鲜艳、味美、肉嫩，具有独特的风味。产品的色泽和风味主要取决于调味料和香辛料。酱卤肉类主要有苏州酱汁肉、卤肉、道口烧鸡、德州扒鸡、糖醋排骨、蜜汁蹄膀等。

2. **白煮肉类** 原料肉经（或未经）腌制后，在水（盐水）中煮制而成的熟肉类制品。白煮肉类的主要特点是最大限度地保持了原料肉固有的色泽和风味，一般在食用时才调味。如白斩鸡、盐水鸭、白切猪肚、镇江肴肉等。

3. **糟肉类** 原料肉经白煮后，再用“香糟”糟制的冷食熟肉类制品。其主要特点是保持原料固有的色泽和曲酒香气。糟肉类有糟肉、糟鸡、糟鹅等。

二、酱卤制品的一般加工方法

调味和煮制是加工酱卤制品的两个重要工艺环节。

（一）调味

调味就是根据各地消费者的口味和生产的品种不同，加入不同种类或数量的调味料，

以加工成具有特定口味的产品。根据加入调味料的时间不同大致可分为以下三种。

1. **基本调味**　在原料肉整理之后，对原料肉进行不同时间的腌制，腌制时加入盐、酱油或其他调料，奠定产品的咸味，叫做基本调味。

2. **定性调味**　加热煮制或红烧时，原料下锅后，随时加入主要配料，如酱油、酒、盐、香料等，决定产品的口味，叫做定性调味。

3. **辅助调味**　加热煮制之后或即将出锅时加糖、味精等调味料，以增进产品的色泽和鲜味，叫辅助调味。辅助调味要注意掌握好调味料加入的时间和温度，否则，某些调味料遇热易挥发或破坏，达不到辅助调味的效果。

（二）煮制

煮制是对原料肉进行热加工处理，以改变肉的感官性质，降低肉的硬度，使产品熟制。同时，在煮制过程中吸收各种配料，改善了产品的色、香、味。

1. **清煮和红烧**　在酱卤制品加工中，除少数品种外，大多数品种的煮制过程可分清煮和红烧二个阶段。清煮亦称“白锅”，它是辅助性的煮制工序，其目的是消除原料肉的膻腥气味。清煮的方法是将成形原料投入沸水锅中，不加任何调料进行煮制，并加以翻拌，捞出浮油、血沫和杂质。清煮时间随成形原料的大小而异，一般为10～60min。清煮后的肉汤称白汤，是红烧时用的基础汤汁。

红烧亦称“红锅”，它是产品的决定性工序。红烧的方法是将清煮过的坯料放入加有各种调味料的汤中进行煮制。红烧所需的时间随产品而异，一般为数小时。红烧后剩余的汤汁称红汤（老汤），应装入带盖的容器中存放，防止生水和新汤掺入，以防变质。红汤由于不断使用，其性能和成分经常发生变化，使用时应根据其咸淡程度，酌量减少配料数量，适时回锅烧沸。

2. **煮制的火力**　在煮制过程中，按火焰的大小可将火力分为三种，即旺火、文火和微火。旺火火焰高而稳定。文火火焰低而摇晃。微火保持火焰不灭。酱卤制品煮制过程中的火力，除个别品种外，一般都是先旺火，后文火。旺火煮制的时间一般比较短，其作用是将原料肉由生煮熟。文火和微火的煮制时间一般比较长，可使肉酥润可口，配料逐步渗入到产品内部，使产品达到内外咸淡均匀的目的。有的产品在加入食糖后，再用旺火短时间煮制，可加速食糖溶化。卤制内脏，由于口味的要求和原料鲜嫩的特点，在煮制过程中，始终采用文火烧煮。

三、酱卤制品的加工

（一）南京盐水鸭

南京盐水鸭是南京市的特产之一。鸭体洁白，食之清淡而有咸味、肥而不腻，具有香、酥、嫩的特色。加工制作季节不受限制，一年四季都可以生产。工艺流程见图4-6。

1. **原料的选择与宰杀**　选用当年成长的肥鸭。宰杀、拔毛后，切去鸭子翅膀的第二关节和脚爪，然后在右翅下开口，取出全部内脏。

2. **清洗**　用清水把鸭体内残留的内脏和血污冲洗干净，放入冷水里浸泡30～60min，除净鸭体内的血。再把鸭子挂起来沥水1～2h。将晾好的鸭子压扁，使鸭子外观显得肥大美观。

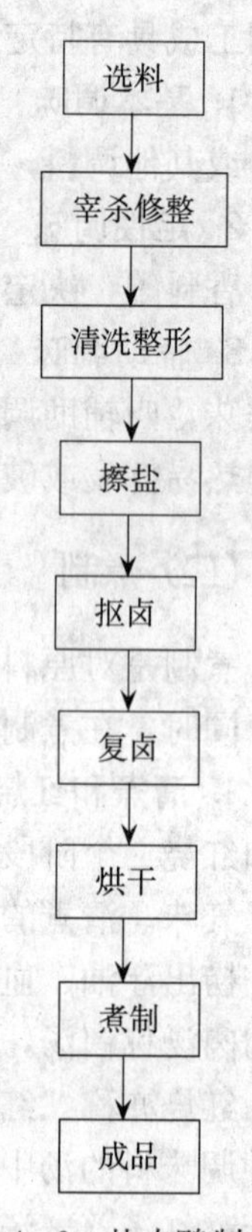

图4-6 盐水鸭制作工艺流程

3. 腌制 先干腌后湿腌。春、冬季节，腌制2～4h，抠卤后复卤4～5h；夏、秋季节，腌制2h左右抠卤，复卤2～3h，就可以出缸挂起。

(1) 干腌。用炒熟磨细的食盐（加6%的八角粉），均匀涂擦在鸭体内外表面，用盐量为6%，然后将鸭子层层堆叠腌制2～4h。

(2) 抠卤。干腌后的鸭子要抠卤，使血水排出，然后把鸭堆叠再腌制2h后，再一次抠卤，接着进行湿腌。

(3) 复卤（湿腌）。复卤时，把鸭放入缸中，使鸭体腔内灌满卤液复卤2～4h，即可出缸。

4. 烫皮 鸭体经整理后、用钩子钩住颈部、再用开水烧烫，使肌肉和表皮绷紧，外形饱满，然后挂在风口处沥干水分。

5. 烘干 用中指粗细，长10cm左右的小竹管插入鸭的泄殖腔，并在鸭体内放入少许姜、葱、八角，然后把鸭坯吊挂起来，送入烘房内，在45℃下烘烤30min左右，待鸭体周身干燥起皱即可。

6. 煮制 在水中加入生姜、八角和葱，煮沸30min，然后放入烘制过的鸭，保持水温为80～85℃，焖煮60～120min即可出锅。

（二）镇江肴肉的制作

镇江肴肉肉质细嫩，味香不腻，表面胶体透明，状如琥珀，故有水晶肴蹄之称。其制作工艺流程见图4-7。

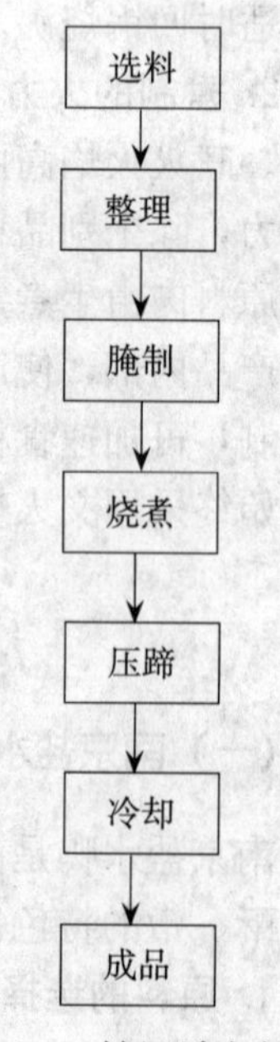

图4-7 镇江肴肉制作工艺流程

配料：去蹄肘（蹄膀）100只、料酒250g、食盐13.5kg、葱250g、姜片125g、花椒75g、八角75g、明矾30g、硝水3kg（硝酸钠30g加水5kg的比例配制）。

1. 原料选择与整理 一般选猪前肘或后蹄膀作原料。将猪蹄剁去，刮净毛，剔除骨骼筋腱。

2. 腌制 用食盐和硝水揉擦肘子或蹄膀，然后平放入有老卤汤的缸内腌制。冬季用盐95g，腌制7～10d；春、秋季用盐110g，腌制3～4d；夏季每只蹄膀用盐125g，腌制8～12h。腌好后把出缸，用冷水浸泡约8h，以溶解多余盐分，除去涩味，再用刀刮去皮上污物，用水洗净。

3. 烧煮 在锅内倒入清水50kg，加盐4kg，明矾15g，用旺火烧开，撇去污沫，将肘子或蹄膀皮朝上，逐层相叠投入锅中（最上一层皮向下）。同时将香辛料装入布袋，扎紧袋口，投入锅内，再加入料酒、葱、姜，盖上竹篾，将其全部淹没。用文火煮微开后，翻转一次，再煮3h左右，达九成熟时出锅。

4. 压蹄 捞出煮熟的肴肉，放入浅盆中（皮向下），一盆压

一盆，每5盆压在一起，上盖一个空盘。20min后，将盆内淋出的油卤倒入锅内，用旺火烧开，撇去浮油，再将卤汁浇入蹄膀盆，淹没肴肉，待冷凉凝冻后，即成水晶肴肉。

(三) 北京月盛斋酱牛肉的制作

北京月盛斋酱牛肉是北京的名产，已有二百多年的历史，成品为深褐色，光亮油润，酥嫩爽口，瘦肉不柴，香味浓郁，无辅料渣。其盛久不衰的主要原因是选料精，加工细，辅料配方有特点，制作工艺流程见图4-8。

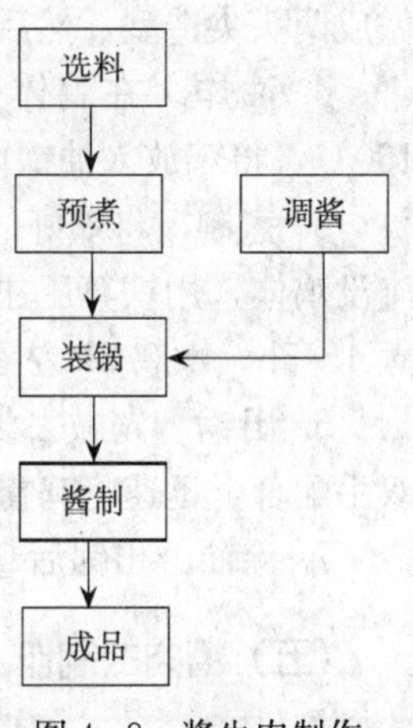

图4-8　酱牛肉制作工艺流程

配料：牛肉50kg、粗盐1.85kg、干黄酱5kg、白酒0.4kg、豆蔻75g、砂仁75g、桂皮100g、八角150g、丁香150g、花椒100g、白芷75g。

1. 原料肉的选择与处理　选择符合卫生要求、无筋腱和脂肪的优质牛肉，切成0.5～1kg重的方肉块。除去肉块上的覆盖的薄膜，洗净肉块，控净血水。

2. 预煮　把肉块放入沸水中煮1h，为了除去腥膻味，可在水中加几块胡萝卜。煮好后将肉块捞出，放入清水中浸洗，除去血沫。

3. 调酱　取一定量的水（以能淹没牛肉为宜）与干黄酱拌和，用旺火煮沸1h，撇去浮沫，捞去酱渣备用。

4. 装锅　将整理好的牛肉，按不同部位和肉质老嫩，分别放入锅内。通常将结缔组织较多且肉质坚韧的肉放在底层，结缔组织少且肉较嫩的放在上层，然后倒入调好的酱液，投入各种辅料。

5. 酱制　用旺火煮2h后，改用小火继续焖煮3～4h。在煮制过程中，要撇去浮油。为使肉块均匀煮制，每隔1h倒锅1次，再加入适量老汤和食盐。

6. 出锅　牛肉烂熟后起锅，淋上余汤，冷却后即为成品。

(四) 道口烧鸡的制作

烧鸡色泽浅红或枣红，味鲜美，著名的有道口烧鸡（原产于河南省滑县道口镇）和符离集烧鸡（原产于安徽宿州市符离集）。道口烧鸡制作工艺流程见图4-9。

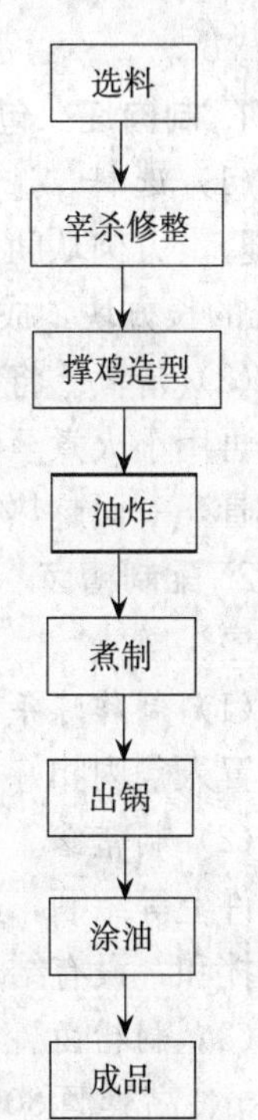

图4-9　烧鸡制作工艺流程

配料：鸡100只、食盐2～3kg、硝石18g、砂仁15g、豆蔻15g、丁香3g、草果30g、桂皮90g、良姜90g、陈皮30g、白芷90g。

1. 原料选择　选半年以上、两年以内的健康鸡，重1.5～2kg为宜。

2. 宰杀、整理　采取切颈放血。烟毛，洗净后，在右翅前的脖颈处开一小口，取出嗉囊，再在鸡的臀部和两腿间横开7～8cm

长的切口，掏出食管、气管及内脏。割去肛门后，用清水洗净腹腔及体表的残血和污物，再放入3%的食盐水中浸泡4h左右，以除去血水，使鸡体白净。

3. 撑鸡造型 将洗净的白条鸡腹部向上置于案板上，左手按鸡体，右手用刀将肋骨和脊椎骨中间轧断，再用高粱秆撑开体腔，两翅交叉插入口腔，两腿交叉插入腹下切口，做成两头尖造型，然后清洗，沥干水分。

4. 油炸 在鸡体上涂一层糖稀或蜂蜜水（糖∶水=4∶6），植物油加热至150～160℃，将鸡放入油锅内，翻炸至皮呈柿黄色时捞出。

5. 煮制 将炸好的鸡逐层平放在锅内，加入陈年老汤，放入香料袋和食盐，加水至淹没鸡体，用铁箅压住鸡体以防上浮。先用大火煮沸，后加入硝石，用小火焖煮。老鸡焖煮4～5h，嫩鸡2h左右。

6. 出锅 先撇去汤面浮油，右手持叉夹住鸡颈，左手摊开双筷端住鸡腹内高粱秆，双手配合，迅速将鸡捞出，轻放在铁箅上，以保持鸡体完整。

7. 涂油 出锅后趁热均匀涂上香油即为成品。

（五）糟肉的制作

糟肉属于苏式风味食品，产品色泽红亮，软烂香甜，清凉鲜嫩，肥而不腻，糟香味浓郁。糟肉的制作工艺流程见图4-10。

配料：原料肉100kg、花椒1.5～2kg、陈年香糟3kg、绍酒7kg、高粱酒500g、五香粉30g、盐1.7kg、味精100g、酱油500g。

1. 制肉坯 包括原料肉选择与修整、清煮处理。

（1）选料。选用新鲜的皮薄而又鲜嫩的方肉、腿肉或夹心（前腿）。方肉从肋骨横斩对半开，再顺肋骨直切成长15 cm、宽11 cm的长方块，成为肉坯。若采用腿肉、夹心，切成同样规格。

（2）清煮。将整理好的肉块入锅清煮，用旺火烧开，撇清浮沫，再用小火煮至肉中的骨头抽出来不黏肉即可出锅。出锅后一面拆骨，一面趁热在热坯的两面敷盐。

2. 配制糟卤 配制糟卤分为制作陈年香糟、制糟露、糟卤等工序。

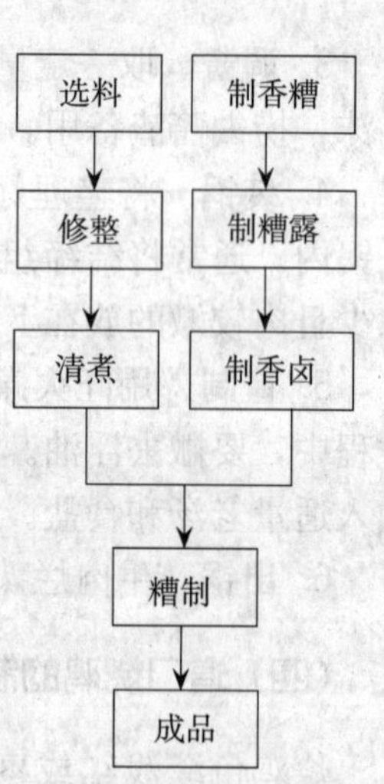

图4-10 糟肉制作工艺流程

（1）制作陈年香糟。香糟50kg，用1.5～2kg花椒加盐拌和后，置入瓮内扣好，用泥封口，待第二年使用，称为陈年香糟。

（2）制糟露。100kg糟货用陈年香糟3kg、五香粉30kg、盐500g放入容器内，先加入少许上等绍酒，边加边搅拌，并徐徐加入绍酒（共5kg）和高粱酒200g，直到酒糟和酒完全拌和，没有结块为止。然后用纱布、表芯纸把糟酒混合物过滤，得到糟露。

（3）制糟卤。将白煮的白汤撇去浮油，用纱布过滤，加盐1.2kg、味精100g、上等绍酒2kg、高粱酒300g，混匀、冷却。白汤30kg左右为宜，若白汤不够或汤太浓，可加凉开水。将拌好配料的白汤倒入糟露内，混合均匀，即为糟卤。

3. 糟制 将已经凉透的糟肉坯皮朝外，圈砌在盛有糟卤的容器内，盛放糟制品的

容器须先放入冰箱内，再用一容器盛冰置于糟肉中间以加速冷却，直到糟卤凝结成冻为止。

4. 贮存　糟肉必须放在冰箱内保存，隔夜的糟肉要洗净糟卤后放在白汤内重新烧开，然后再糟制。

第三节　熏烧烤肉制品

熏烧烤制品是指以畜禽肉为原料，经选料、修整、调味、腌制（或不腌制），经烟熏或烧烤、冷却、包装等工艺制作的一类预制食品。包括熏制品和烧烤制品。

一、烟熏原理与方法

（一）熏制原理

肉制品的熏制是利用木材、木屑、茶叶、甘蔗皮等材料不完全燃烧而产生的烟气和热量使肉制品增添特有的熏烟风味，提高产品质量和保藏性的一种加工方法。熏烟的成分很复杂，主要成分为酚、酸、醇、羰基化合物和烃等。肉制品烟熏后熏烟在制品上的沉积，使制品表面产生特有的熏烤色泽，同时抑制了微生物的生长，防止了脂肪氧化，延长了制品的保质期。

熏烟中具有有害成分3,4-苯并芘是强致癌物质，在400～1 000℃时，随着温度的升高，3,4-苯并芘的生成量增加。对发烟时燃烧温度控制在400℃以下，或将生成的熏烟在引入烟熏室前加以过滤，可有效减少3,4-苯并芘含量。

（二）熏制的方法

熏制按制品加工过程有生熏与熟熏两种。烟熏前已经是熟制成品的叫熟熏，如酱卤类肉制品的熏制都是熟熏；烟熏前只经过腌制没有经过热加工熟制的叫生熏，如西式火腿、培根均用生熏方法。若按熏制时温度的高低可分为冷熏法和热熏法，近些年为加快肉品熏制过程，又出现了液熏法。

1. 冷熏法　制品周围熏烟和空气混合气体的温度不超过25℃的烟熏过程称为冷熏。冷熏的时间较长，需4～7d，为此熏烟成分在制品中内渗较深。冷熏时制品干燥比较均匀，失重大。制品内脂肪熔化不显著，冷熏制品耐藏性比其他烟熏法稳定。

2. 温熏法　温度为30～50℃，对西式火腿、培根多采用这种方法。熏制时间为1～2d。此法产品失重较少，酿成的产品风味好，但耐贮性差。熏制后食用前还需进行水煮。

3. 热熏法　熏烟温度为50～80℃，因为熏制的温度较高，制品在短时间内就能形成较好的熏烟色泽，制品的蛋白质几乎全部凝固，其表面硬化度较高。但熏制的温度必须缓慢上升，否则会造成发色不匀的现象。熏制时间为2～5h。

4. 焙熏法　焙熏又叫熏烤，是温度为90～120℃的一种特殊熏烤方式，时间2～4h。由于熏制的温度高，熏制的同时完成了熟制的目的，可直接食用。采用本法熏制的肉品，贮藏性较差，熏后应迅速食用，不宜久藏，而且脂肪熔化较多，适合于熏制瘦肉。

5. 液熏法 利用木材干馏的收集物经过净化制成液态烟熏制剂对制品进行处理的方法叫液熏法。液态烟熏制剂中，除去了焦油小滴、多环烃和固相微粒，不含有致癌物质。用液态烟熏制剂处理可采用浸渍、液体蒸发、喷洒和直接加入等方法。

二、烤制原理与方法

烤制肉制品也称烧烤肉制品，是鲜肉以过高温烤制，表面产生一种焦化物而香脆酥口，有特殊香味，可直接食用的熟肉制品，一般现做、现吃、现售。著名产品有北京烤鸭、烤羊肉串、广东的烤乳猪等。

（一）烤制原理

烤制是利用热空气对原料肉进行的热加工，使肉制品表面增强酥脆性，产生美观的色泽和诱人的香味。肉类经烧烤能产生香味，是由于蛋白质、糖类、脂肪等物质在加热过程中降解、氧化、脱水等一系列变化，生成醛、酮、醚、酯、烯、硫化物、低级脂肪酸等化合物；同时，糖类物质与蛋白发生美拉德反应，使制品呈棕红色，并产生香味物质。此外，加工过程中加入的辅料也增加了制品的香味。

（二）烤制的方法

1. 明炉烧烤法 明炉烧烤法是用铁制的、无关闭的长方形烤炉在炉内烧红木炭，然后将原料肉用一条烧烤的长铁叉叉住，放在烧炉上进行烤制。在烧烤过程中，将原料肉不断转动，使其受热均匀，成熟一致。这种烧烤法的优点是设备简单，比较灵活，火候均匀，成品质量较好，但花费人工多。

2. 挂炉烧烤法 挂炉烧烤法也称暗炉烧烤法，即是用一种特制的可以关闭的烧烤炉，如远红外线烤炉、家用电炉、缸炉等，前两种烤炉热源为电，缸炉的热源为木炭，在炉内通电或放入烧红木炭，然后将原料挂上烤钩、烤叉或放在烤盘上，送入炉内，关闭炉门进行烤制。烧烤温度和烤制时间视原料肉而定，一般烤炉温度为 200～220℃，加工叉烧肉烤制 25～30min，加工鸭（鹅）烤制 30～40min，乳猪烤制 50～60min。暗炉烧烤法应用较多，它的优点是花费人工少，对环境污染少，一次烧烤的量比较多，但火候不是十分均匀，成品质量比不上明炉烧烤法的好。

三、熏烤制品的加工

（一）北京烤鸭的制作

北京烤鸭是典型的烤制品，为我国著名特产，以其优异的质量和独特的风味在国内外享有盛名。具有色泽红润，鸭体丰满、皮脆肉嫩、肥而不腻的特点。其基本制作工艺流程见图 4-11。

1. 原料的选择 选人工填肥 55～65 日龄、重 2.5～3kg 的北京填鸭。

2. 宰杀、修整 采用口腔刺杀放血后烫毛、煺毛，洗净。从小腿关节处切去双掌，

并割断喉管和气管。

3. **打气**　将打气筒的气嘴从刀口插入颈内皮肤与肌肉之间，把空气缓缓充入鸭皮下脂肪和结缔组织间，使鸭皮绷紧，鸭体膨大。

4. **造型**　从鸭翅膀根开刀口，取出内脏，洗净。再取 7cm 长的高粱秆，两端分别削成三角形和叉形，伸入鸭腔内，一端卡住鸭的脊柱，另一端撑起鸭胸脯，使鸭体造型美观，在烤制时，形体不致扁缩。然后把鸭放入水中清洗。

5. **清洗**　将清水从刀口处灌入腔内，晃动鸭体后从泄殖腔排水，如此反复清洗数次。

6. **烫皮**　用钩子在离鸭肩前 3cm 的颈中线上，紧贴颈骨右侧肌肉穿入，挂牢。再用沸水往鸭皮上浇烫，先烫刀口处，再均匀烫遍全身，以使毛孔紧缩，皮肤绷紧，便于烤制。

7. **打糖**　向鸭身浇淋糖水，用一份饴糖（或蜂蜜）加 6 份水，熬成棕红色糖水，趁热向鸭体淋，使之烤后呈枣红色，表皮酥脆。

8. **灌汤**　打糖后将鸭体挂于通风处，待表皮干燥后，用高粱秆堵住泄殖腔，往鸭体腔内灌 70～80ml 开水，使鸭体烤制时内蒸外烤，外脆里嫩。灌汤后，再打糖一次。

9. **烤制**　送入烤炉，挂在炉膛前梁上，先烤一侧，至红黄时，再翻转烤另一侧，待全身烤成橘红色时，把鸭体送至烤炉后梁继续烘烤，直至鸭全身呈枣红色后出炉。烤制时，炉内温度应保持230～250℃，烘烤时间为 30～50min。烤鸭出炉后，拔出高粱秆，放出腹内开水即成。

选料 → 宰杀、修整 → 打气 → 造型 → 清洗 → 烫皮 → 打糖 → 灌汤 → 烤制 → 成品

图 4-11　烤鸭制作工艺流程

（二）广东烤乳猪的制作

广东烤乳猪是广东地方传统风味食品，以其色泽透亮、皮脆、肉香、骨酥、咸中带甜、入口即化的特点远近闻名，其制作工艺流程如图 4-12。

配料：乳猪坯 5kg、精盐 100g、蔗糖 150g、芝麻酱 25g、五香粉 50g、干黄酱 50g、南味豆腐乳 50g、麦芽糖、黄酒适量。

1. **原料选择**　选择活重 5kg 左右的健康有膘乳猪，要求皮薄，无伤痕、斑点，身体丰满。

2. **屠宰整理**　宰后除净内脏，除去喉管、板油、动脉管等，将头骨和脊椎劈开（不能割伤表皮），取出脑髓和脊髓，拆出 2～3 条胸肋骨，取出肩胛骨，并将肋间肌和后腿肌较厚的部位用刀划开，便于配料渗透。

3. **腌制**　先把五香粉和盐均匀地擦在猪的胸腹腔内，腌制 20～30min 后沥尽水分，再将蔗糖、调味酱、芝麻酱、南味豆腐乳、黄酒、五香粉等拌匀，涂在猪体腔内腌 1h 左右。

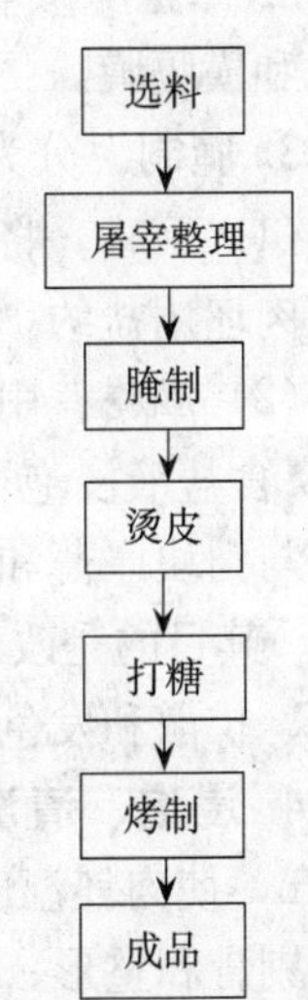

图 4-12　烤乳猪制作工艺流程

4. **烫皮** 腌好的猪坯，用特制的长铁叉从后腿穿过前腿到嘴角，沥干水分，然后用沸水浇淋在猪皮上，使皮肤收缩。

5. **打糖** 待晾干水分后，将麦芽糖水均匀刷在猪皮面上，挂在通风处风干后烘烤。

6. **烤制** 烘烤有以下两种方法：

（1）挂炉法。用一般烤鸭的烤炉，炭火烧至高温后，把乳猪挂入炉内，烤至猪皮开始转色时取出。用针在皮面刺孔，排出水分，猪身泄油时可用棕刷将油刷匀，以保证猪身烤匀，色泽鲜艳，一般烤50min即成。

（2）明炉法。将烧红的炭放在铁制的长方形炉内，先烤乳猪胸腹部，烘烤时间视猪身大小而定，一般为10～20min。再换烤猪背，并频频转动，直至猪皮变色泄油为止，烘烤时也要刺孔刷油。烘烤后的乳猪形体完整，皮脆肉香，入口松化，香甜鲜美。

（三）培根的制作

培根是西式肉制品三大品种（火腿、灌肠、培根）之一，是烟熏肋肉英译名称。培根外皮油润，呈金黄色，皮质坚硬，瘦肉呈深棕色，质地干硬，切开后肉质鲜艳，其风味除略带咸味之外，还有浓郁的烟熏风味。根据原料的不同，培根分为大培根、排培根和奶培根三种。其工艺流程见图4-13。

1. **原料选择** 选用合格的中等肥度的白毛猪，并经吊挂预冻。大培根坯料取自整片带皮猪胴体（白条肉）的中段，即前端从第三肋骨处斩断，后端从腰荐椎之间斩断，再割除奶脯。排培根和奶培奶各有带皮和去皮两种。前端从白条肉第五根肋骨处斩断，后端从最后两节荐椎处斩断，去掉奶脯，再沿距背脊13～14cm处斩为两部分，上为排培根，下为奶培根之坯料。大培根最厚处为3.5～4.0cm；排培根最厚处为2.5～3.0cm；奶培根最厚处约为2.5cm。

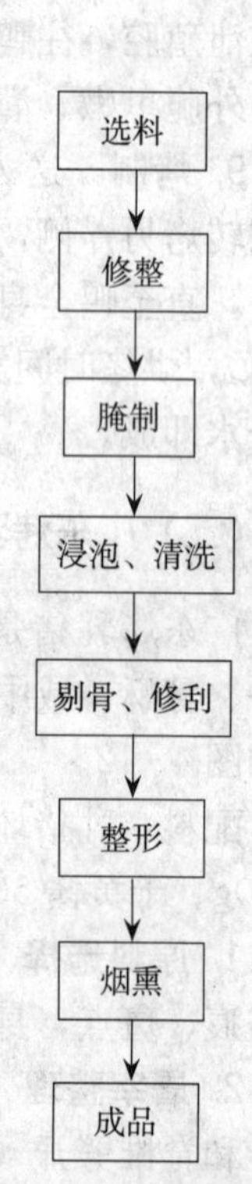

图4-13 培根制作工艺流程

2. **修整** 修整坯料，使四边基本各成直线，整齐划一，并修去腰肌和横膈膜。

3. **腌制** 分为干腌和湿腌两个步骤。

（1）干腌。将食盐（加1%硝酸钠）撒在肉坯表面，揉搓均匀。每块肉坯用盐约100g，大培根加倍。然后堆叠，腌制20～24h。

（2）湿腌。用16～17波美度（其中每100kg盐液中含硝酸钠70g）食盐液浸泡干腌后的肉坯，盐液用量约为肉重量的1/3。湿腌时间与肉块厚薄和温度有关，一般为14d左右。在湿腌期需翻缸3～4次。其目的是改变肉块受压部位，并松动肉组织，以加快盐硝的渗透、扩散和发色，使腌液咸度均匀。

4. **浸泡、清洗** 将腌制好的肉坯用25℃左右清水浸泡30～60min，使肉坯温度升高，肉质还软，表面油污溶解，便于清洗、修刮、剔骨和整形；熏干后表面无“盐花”，提高产品的美观性。洗好后用锋利的刀刮净皮上的余毛和油腻。

5. **剔骨、修刮** 培根的剔骨要求很高，只允许用刀尖划破骨表的骨膜，然后用手轻

轻扳出。刀尖不得刺破肌肉，否则生水侵入而不耐保藏。修刮是刮尽残毛和皮上的油腻。

6. **再次整形**　因腌制、堆压使肉坯形状改变，故要再次整形，使四边成直线。至此，便可穿绳、吊挂、沥水，6～8h后即可进行烟熏。

7. **烟熏**　将吊挂在车架上、控净水分的培根坯料，整理成互相之间保持一定距离后，搁在熏架上即可进行熏制。烘房内温度一般保持在70℃左右，烟熏6～8h，待其表面呈金黄色即为成品，成品率约为83%。

如果贮存，宜用白蜡纸或薄尼龙袋包装。不包装，吊挂或平摊，一般可保存1～2个月，夏天1周。

（四）熏鸡的制作

沟帮子熏鸡是辽宁省著名的风味特产之一，已有近百年的历史，制品呈枣红色，香味浓郁，肉质细嫩，具有独特的香气味。

配料：公鸡10只，食盐500g，香油50g，蔗糖80g，味精10g，陈皮8g，桂皮8g，胡椒粉5g，五香粉5g，砂仁5g，豆蔻5g，山柰5g，丁香7g，白芷7g，肉豆蔻5g。

1. **原料鸡的选择与处理**　选择一年生的健康公鸡，屠宰，烫毛、煺毛，清除内脏，用清水浸泡1～2h，待鸡体发白后取出，

2. **整形**　在鸡下胸脯尖处割一小圆洞，将两腿交叉插入洞内，用刀将胸骨及两侧软骨折断，头夹在左翅下，两翅交叉插入口腔，使之成为两头尖的造型。鸡体煮熟后，脯肉丰满突起，形体美观。

3. **煮鸡**　将配料装入纱布袋放入锅内，将鸡按顺序在锅内排好，然后放入老汤，先用旺火煮沸后，再用中火煮1.5～2h即可出锅。出锅时应用特制搭勾轻取轻放，保持体形完整。

4. **熏制**　出锅趁热在鸡体上刷一层芝麻油和白糖，随即送入烟熏室或锅中进行熏烟，熏10～15min，待鸡体呈红黄色即可。熏好之后再在鸡体上刷一层芝麻油，目的在于保证熏鸡有光泽，防止成品干燥，增加产品香气和保藏性。

第四节　灌肠类肉制品

以畜禽肉为主要原料，经选料、修整、调味、腌制、绞碎（或切块）、斩拌（或不斩拌）、灌装成型等工艺制作的一类预制食品统称为灌肠类制品。灌肠产品的种类很多，按其加工的特点有中式香肠和西式灌肠之分，传统的中式灌肠一般称作香肠，而西式灌肠一般都称为灌肠。香肠与灌肠虽然都是以肉为主要原料，但由于原料肉的种类不同、加工过程不同、调味料和辅助材料不同，使得香肠与灌肠无论在外形上还是口味上都有明显的区别。

一、中式香肠的加工

香肠是我国传统的风味食品，品种繁多，风味各异，各种香肠生产工艺大体相同。加工工艺流程见图4-14。

广式香肠配料：瘦肉70kg、肥肉30kg、精盐2.5kg、硝酸钠30g以下、蔗糖7.5kg、

白酒 2.3kg、白酱油 5kg。

川味香肠配料：猪瘦肉 70kg、猪肥肉 30kg、食盐 2kg、蔗糖 1kg、花椒粉 0.8kg、酱油 1kg、白酒 3kg、硝酸钠 20g、五香粉 0.15kg。

哈尔滨香肠配料：瘦猪肉 75kg、肥肉 25kg、肉蔻粉 20g、砂仁粉 20g、八角粉 20g、桂皮粉 20g、白芷粉 20g、丁香粉 10g、酱油 1.5kg、精盐 1.5kg、蔗糖 2kg、鲜姜（取汁）400g、硝酸钠 10g、白酒 0.5kg。

选料 → 切肉 → 拌馅 → 灌制 → 漂洗 → 烘制 → 成品

图 4-14 香肠制作工艺流程

1. 原料和辅料的选择 制作香肠的原料多以猪肉为主，一般选猪大腿和臀部肉。肠衣一般选用 2.6～2.8cm 宽的猪肠衣。肠衣预先用温水浸软（不要浸泡过久，以免引起破裂），捞出沥干水分。再取麻绳备用。辅料选精盐、白砂糖、大曲酒或高粱酒、优质酱油。

2. 切肉 先将肉皮、骨、腱剔去，清除淤血和局部变质的肉，肥、瘦肉分开，肥肉切成约 $1cm^3$ 的小块，瘦肉用 9～12mm 孔径板绞肉机绞成粗粒。

3. 拌馅 将切好的瘦肉和肥肉，按配方要求加入盐、糖及各种配料，搅拌均匀。

4. 灌制 搅拌均匀的料用灌肠机灌入肠衣内，灌制时要求松紧适度，每灌 12～15cm 长时，用绳结扎。肠灌好后，用细针在每节肠上刺若干个小孔，让水分、空气自行排出。

5. 漂洗 灌好后的湿肠，用温水漂洗一次，洗去肠衣外的污杂物，然后挂在竹竿上，供日晒或火烘。

6. 日晒或火烘 灌好的香肠，即送到日光下曝晒（或送烘干室烘干）2～3d，再置于通风处挂晾风干。在日晒或烘干过程中，若肠内有残存空气而膨胀，可刺孔放气。如需烘烤，温度应控制在 50℃左右，不宜过高或过低，以保证品质，烘烤时间一般为 1～2d。

7. 贮藏 在 10℃以下，香肠悬挂于通风干燥处，可保存 1～3 个月。

二、西式灌肠的加工

西式灌肠种类见表 4-1，加工工艺流程见图 4-15。

表 4-1 灌肠种类和特征

种类	特征
生鲜肠	用新鲜肉，不腌制，原料肉切碎后加入调味料，搅拌均匀后灌入肠衣内，冷冻贮藏，食用时熟制
烟熏生肠	用腌制或不腌制的原料肉，切碎，加入调味料后搅拌均匀灌入肠衣，经烟熏，而不熟制，食用前熟制即可
熟肠	用腌制或不腌制的肉类，绞碎或斩拌，加入调味料后，搅拌均匀灌入肠衣，熟制而成
烟熏熟肠	经腌制，绞碎或斩拌，加入调味料后灌入肠衣内烘烤，熟制后熏烟而成
发酵肠	肉经腌制、绞碎，加入调味料后灌入肠衣内，可烟熏或不烟熏，然后干燥，发酵，除去大部分水分

小红肠配料：牛肉 5.5kg、猪瘦肉 2kg、猪奶脯或肥膘肉 2.5kg、淀粉 0.5kg、肉豆蔻粉 8g、精盐 350g、胡椒粉 12g、硝酸钠 2～5g。

大红肠配料：猪瘦肉 2.5kg、牛肉 6.2kg、肥膘 1.3kg、淀粉 0.4kg、肉豆蔻粉 8g、胡椒粉 11.5g、桂皮粉 3.5g、大蒜末 8g、精盐 350g、硝酸钠 3g。

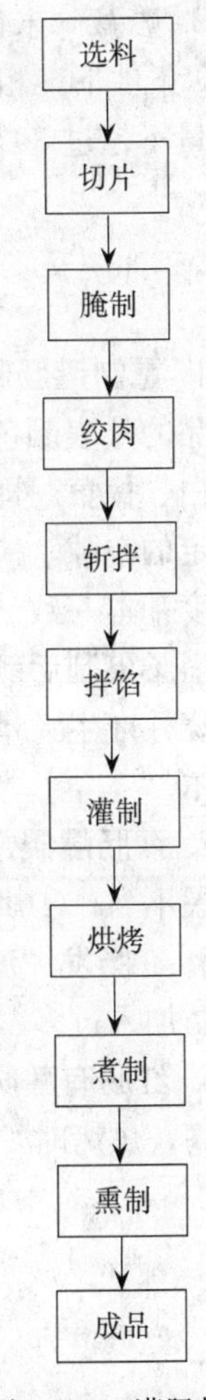

图 4-15　灌肠加工工艺流程

1. **原料肉的选择与处理**　经检验的猪、牛、羊、兔肉等都可以作为西式灌肠的原料。将原料切成约 2cm 厚的薄片，肥膘切成丁。

2. **腌制**　将原料肉或肥膘丁凉透，根据不同品种配方，加食盐、硝盐（肥肉只加食盐、不加硝盐），入 4℃左右冷库腌制 1～3d。

3. **绞肉及斩拌**　腌制好的肉块，经过绞碎或斩拌，以粉碎肌膜、肌束及结缔组织，使肌肉细而嫩，增加肉对水的吸附能力和黏结性。灌肠肉馅一般采用 2～3mm 的漏孔箅子的绞肉机绞成肉泥状。

为了增加肉馅的保水性，提高出品率和产品质量，绞碎的肉馅还要经过斩拌机进一步斩细。斩拌的次序是先牛肉后猪肉，牛肉放入斩拌机后，随即加入冰，然后再加入猪肉，直至斩拌成黏性的浆糊状为止。

4. **配料与拌馅**（搅拌）　将搅好的肉泥，倒入拌馅机搅拌均匀，再将各种辅料用水调好后加入，快拌好时再倒入肥丁搅拌均匀即可。拌馅时需加水，其添加数量主要根据原料中精肉的品质和比例以及所加淀粉的多少来决定，一般每 50kg 原料加水 10～15kg，夏季最好加入冰屑水，以吸收搅拌时产生的热量，防止肉馅升温变质。

5. **灌馅**　将搅拌好的肉馅，装入灌肠机。根据不同品种要求，采用不同规格的动物肠衣或人造肠衣，经过扎口、扭转、串杆、装入烤炉。

6. **烘烤**　灌肠在煮制之前必须经烘烤，其目的使灌肠表面柔韧，增加肠衣的机械强度，提高对微生物的稳定性，促使肉馅的色泽变红，除去肠衣的异味。

在 65～80℃下炽烤 1h 左右，肠内中心温度应达到 55℃以上，烤到灌肠表皮干燥，显露出肉馅的红润色泽即可。

7. **煮制**　灌肠的煮制方法分水煮和汽蒸两种方法。汽蒸法的优点是产量大，装取灌肠时节省时间，但汽蒸的灌肠颜色不够鲜艳，且损耗率较水煮法大。水煮时先把水加热到 85～90℃，然后把烤好的灌肠整齐地放入锅内，在煮制中保持温度在 78～84℃，如肠馅深部中心温度达 72℃时即可出锅。

8. **烟熏**　煮熟以后的灌肠，肠衣变得湿软，无光泽，存放时易引起灌肠表面产生黏液或生霉，烟熏可以除去灌肠中的部分水分，使肠衣变干，表面产生光泽，肉馅呈鲜艳的红色，增加灌肠的美观，并具有熏烟的香味和具有一定的防腐能力。熏室温度通常保持 35～45℃，经 12h 即为成品。

9. **贮藏** 未包装的灌肠吊挂存放，贮存时间依种类和条件而定。湿肠含水量高，如在8℃条件下，相对湿度75%～78%时可悬挂3昼夜。在20℃条件下只能悬挂1昼夜。水分含量不超过30%的灌肠，当温度在12℃，相对湿度为72%时，可悬挂存放25～30d。

三、灌肠生产中常见的质量问题

1. **熏制灌肠制品的外表颜色不均匀和发黑** 由于熏烟浓度和熏制温度不均匀，烟熏后成品的外表颜色就不均匀，裸露部分的颜色趋于正常，而互相接近或紧靠部分的颜色则呈灰白、棕黄，即出现所谓的“阴阳面”。为使外表色泽均匀一致，挂肠时肠与肠之间应有一定的空隙，一般距离3cm左右较宜。此外，还要注意熏室内火堆的均匀，以保证熏烟浓度基本一致。

灌肠熏制后颜色发黑，多是由于熏烟材料中含有较多的松木等油性木柴燃烧时树脂剧烈燃烧并产生大量黑色烟尘，这些黑色烟尘黏附于肠体表面造成。因此，熏烟材料宜采用硬杂木。

2. **灌肠爆裂** 爆裂的原因一般是：①肠衣质量不好；②肉馅充填过紧；③煮制时温度掌握不当；④烘烤、熏烟温度过高；⑤原料不新鲜或肉馅变质等。

3. **红肠发“渣”** 红肠用手捏时弹性不足，切开后，内容物松散发“渣”，主要原因为脂肪加入过多、加水量过多、腌制期过长等。

4. **红肠有酸味或臭味** 主要是由于原料不新鲜或在高温下堆积过厚，腌制、斩拌温度过高，烘烤时炉温过低，烘烤时间过长，使产品变质而产生酸臭味。

第五节 其他肉制品

一、肉干制品加工

以畜禽肉为原料，经选料、修整、调味、成型、煮制（或不煮制）、烘烤（或烘干或炒松）冷却、包装等工艺制作，开袋即食的一类预制食品，包括肉干、肉脯和肉松。干制方法可分为自然干制和人工干制两种。

（一）肉干制作

肉干是以畜禽肉为原料，经选料、修割、预煮、成型、调味、复煮、收汤、干燥等工艺制作而成的熟肉制品。按原料可分为牛肉干、猪肉干等，按配料可分为咖喱肉干、五香肉干、辣味肉干等。其加工方法大同小异。肉干加工工艺流程见图4-16。

五香肉干配料：鲜牛肉100kg、食盐2kg、蔗糖8.25kg、酱油2kg、味精0.18kg、生姜0.3kg、白酒0.625kg、五香粉0.2kg。

咖喱肉干配料：鲜牛肉100kg、精盐3kg、酱油3.1kg、蔗糖12kg、白酒2kg、咖喱粉0.5kg、味精0.3kg、葱1kg、姜1kg。

麻辣肉干配料：鲜牛肉100kg、精盐3.5kg、姜1kg、酱油4.0kg、五香粉0.2kg、蔗

糖 2kg、白酒 0.5kg、胡椒粉 0.2kg、味精 0.1kg、辣椒粉 1.5kg、花椒粉 0.8kg。

1. **原料选择与处理**　肉干加工一般多用牛肉后腿瘦肉为佳，将原料肉剔去皮、骨、筋腱、脂肪及肌膜后，顺着肌纤维切成 1kg 左右的肉块，用清水浸泡 2h 左右除去血水污物，沥干后备用。

2. **初煮**　将清洗沥干的肉块放在沸水中煮制，水盖过肉面，水温保持在 90℃以上，并及时撇去汤面污物，待肉中心无血水时捞出，汤汁过滤待用。初煮时为了除异味，可加入 1%～2%的鲜姜。

3. **切坯**　肉块冷却后，切成均匀的片（或条、丁）。

4. **复煮**　将切好的肉坯放在调味汤中煮制，取肉坯重 20%～40%的过滤初煮汤，将配方中不溶解的辅料装纱布袋入锅煮沸后，再加入其他辅料及肉坯。用大火煮制 30min 后，用小火煨 1～2h，待卤汁收干即可起锅。

5. **烘烤**　将收汁后的肉坯铺在竹筛或铁丝网上，置于烘房或远红外烘箱中烘烤。在烘烤过程中要定时翻动。烘烤温度前期可控制在 60～70℃，后期可控制在 55℃左右，一般需要 5～6h，即可使含水量下降到 20%以下。

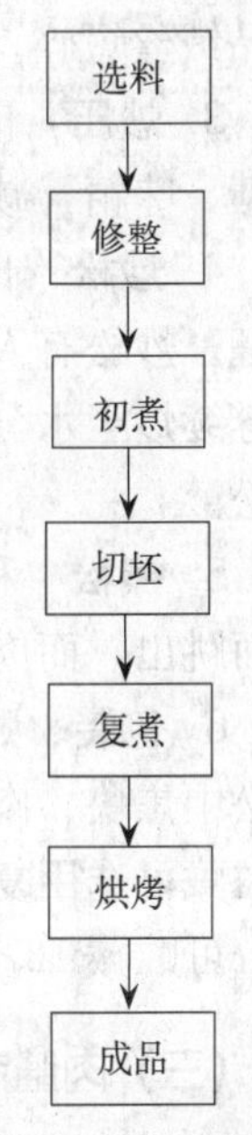

图 4-16　肉干制作工艺流程

6. **冷却、包装**　烘烤后的肉干应冷却至室温后再包装，包装材料尽量选用阻气阻湿性能好的材料。

（二）肉松制作

肉松是以畜禽瘦肉为原料，经选料、修割、煮制、撇油、调味、收汤、炒松、擦松等工艺制作而成的熟肉制品。肉松加工工艺见图 4-17。

猪肉松配料：瘦猪肉 50kg、酱油 11kg、蔗糖 1.5kg、黄酒 2kg、生姜 0.5kg、茴香 60g。

牛肉松配料：瘦牛肉 50kg、酱油 5～9kg、精盐 1kg、蔗糖 3kg、味精 200g、黄酒 1.5kg、生姜 250g。

鸡肉松配料：鸡肉 50kg、精盐 1.4kg、蔗糖 2.3kg、老姜 120g、黄酒 120g。

1. **原料肉与整理**　猪肉、牛肉、鸡肉、兔肉等均可用来加工肉松。将原料肉剔除皮、脂肪、腱等结缔组织。结缔组织的剔除一定要彻底，否则加热过程中胶原蛋白水解，导致成品黏结成团块而不能呈良好的蓬松状。将修整好的原料肉切成 1.0～1.5kg 的肉块。切块时尽可能避免切断肌纤维。

2. **煮制**　将香辛料用纱布包好后和肉一起入锅，加入与肉等量的水加热煮制。煮沸后撇去油沫。若筷子稍用力夹肉块时，肌肉纤维能分散，说明肉已煮好。煮肉时间为 3～4h。肉不能煮得过烂，否则

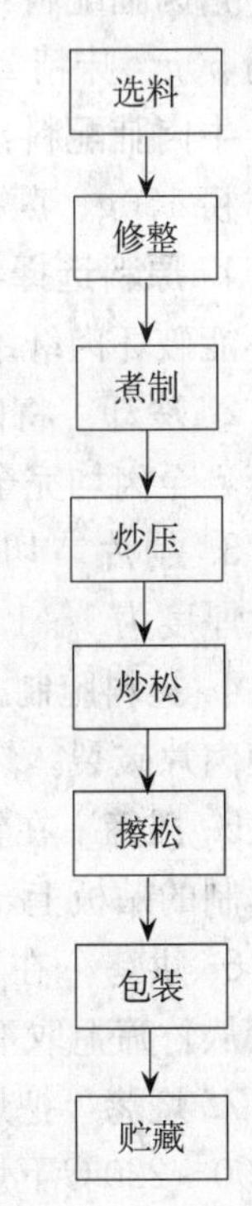

图 4-17　肉松制作工艺流程

成品绒丝短碎。

3. **炒压** 肉块煮烂后，改用中火，加入酱油、酒，一边炒一边压碎肉块。然后加入白糖、味精，减小火力，收干肉汤，并用小火炒压至肌纤维松散。

4. **炒松** 肉松中由于糖较多，容易沾底起焦，要注意掌握炒松时的火力，且勤炒勤翻。炒松有人工炒和机炒二种。当汤汁全部收干后，用小火炒至肉略干，转入炒松机内继续炒至水分含量小于20%，颜色由灰棕色变为金黄色，具有特殊香味时即可结束炒松。

5. **擦松** 利用滚筒式擦松机擦松，使肌纤维成绒丝状态即可。然后使肉松从跳松机上面跳出，而肉粒则从下面落出，使肉松与肉粒分开。

6. **包装、贮藏** 擦松后的肉松送入包装车间冷凉，凉透后将肉松中焦块、肉块、粉粒等拣出。肉松吸水性很强，不宜散装。短期贮藏可选用复合膜包装，贮藏期6个月；长期贮藏多选用马口铁罐，可贮藏12个月。

（三）肉脯制作

肉脯是以畜禽肉为原料，经选料、切片（或绞碎）、调味、腌渍、摊筛、烘干、烤制等工艺制作的薄片型熟肉制品。包括肉脯和肉糜脯。制作工艺流程见图4-18。

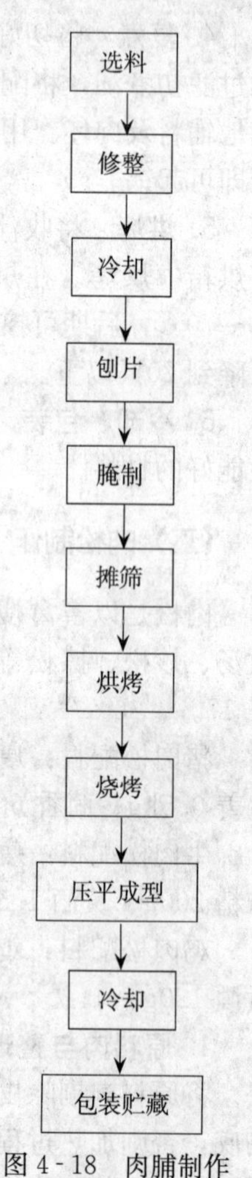

图4-18 肉脯制作工艺流程

猪肉脯配料：原料肉50kg、蔗糖6.75kg、高粱酒1.25kg、胡椒粉50g、味精250g、酱油4.25kg、鸡蛋1.5kg。

牛肉脯配料：牛肉片50kg、酱油2kg、食盐1kg、味精200g、五香粉150g、蔗糖6kg、鸡蛋1kg。

1. **原料选择与整理** 肉脯需要较大的肉块，原料肉修整时要求不能破坏肉纤维，筋膜、油脂要去除干净。

2. **冷却** 将肉装入特别制作的方形肉模内，压紧，送入冷库速冻，至肉均完全冻结（中心约-3℃），即可出库脱模。

3. **刨片** 切片时须顺肌肉纤维方向，采用专门的刨片设备，刨片厚度为1～1.5mm。

4. **拌料腌制** 将各种调味料放入肉片中，搅拌均匀。注意不能使肉片破裂。然后进行2～4h的静置腌渍。

5. **摊筛** 在竹筛上涂刷食用植物油，将肉片一片接着一片贴在竹制的贴板上，要求连接处紧密、平整。

6. **烘烤** 在55～60℃下烘烤2～3h，使产品水分含量降低，可以从竹筛上取下。前期烘烤温度可稍高。

7. **烧烤** 把烘干的肉片放在远红外空心烘炉的转动铁丝网上，在200～220℃下烧烤1～2min，将肉脯烤熟。

8. **压平成型** 肉片烤熟后趁热用压平机压平，按规格要求切成一定形状。

9. **冷却、包装** 肉片冷却到室温即可包装。用塑料膜包装，贮藏期为6个月；抽真

空包装，贮藏期可达12个月左右。

二、肉类罐头加工

肉类罐头是指将肉类密封在容器中，经高温杀菌处理，把绝大部分微生物消灭掉，同时在防止外界微生物再次入侵的条件下，在室温下能长期贮藏的食品。

肉类罐头根据加工和调味方法不同，可分为清蒸类、调味类、腌制类、烟熏类、香肠类、内脏类等多种。

（一）清蒸牛肉

清蒸牛肉罐头是肉类罐头中生产过程比较简单的一类罐头。它的基本特点是最大限度地保持肉的风味。其加工方法如下：

1. 原、辅料的选择　将牛肉根据部位分割成大块，后背肉为一等，前胸、肋条及后腿为二等肉，前后腿腱子及脖颈肉为三等肉。鲜洋葱经处理清洗后切碎。

2. 切块　前后腿筋纹少的腱子肉以及脖颈肉用清水浸泡，脱血后切成120～160g重肉块；筋纹多的腱子肉切成10～20g重的小块。

3. 装罐　目前罐头容器有镀锡薄板罐、镀铬薄板罐、铝合金罐、玻璃罐、复合铝箔袋、塑料罐等。装罐前应清洗、消毒、倒罐沥水或烘干。装罐时要保持罐口清洁，还须留有适当的顶隙。

清蒸牛肉罐头使用内径83.5mm、外高113mm的马口铁圆罐，装牛肉480g、熟牛油44g、洋葱20g、食盐6g、月桂叶0.5～1片、胡椒2～3粒。一、二等肉要搭配装罐，筋纹少的腿部腱子肉和脱血处理后的脖颈肉每罐只允许装一块，小块三等腱子肉及处理后的碎肉可作配秤。

装罐时应注意两点：一是月桂叶不能放在罐内底部，应夹在肉层中间，否则月桂叶和底盖接触易产生硫化铁；二是精盐和洋葱不能采用拌料装罐的方法，否则会产生腌肉味和配料拌和不均的现象。

4. 排气密封　排气是把罐内顶隙的、原料组织细胞内的空气尽可能从罐内排除，使密封后罐头顶隙内形成部分真空的过程。排气之后应立即密封。现常用真空封罐机抽真空封罐，要求真空度为57.3～63.3kPa。

5. 杀菌冷却　罐头杀菌要求杀死食品中所污染的致病菌、腐败菌，并破坏食物中的酶，使食品贮藏一定时间而不变质。在杀菌的同时，又要求较好地保持食品的形态、色泽、风味和营养价值。罐头杀菌条件通常用“杀菌公式”表示：

$$\frac{\tau_1 - \tau_2 - \tau_3}{t} p$$

式中　t——规定的杀菌温度，℃；

τ_1——升温时间，min；

τ_2——恒温杀菌时间，min；

τ_3——降温杀菌时间，min；

p——反压冷却时杀菌锅应采用的反压力，MPa。

清蒸牛肉罐头的杀菌公式为：$\frac{15min—75min—20min}{121℃}$

6. **保温检查**　剔除密封不严和严重变形的罐头后，将罐头在37℃保温5昼夜。杀菌不足或微生物污染的罐头会因为微生物生长繁殖，产生气体使罐身膨胀。若罐头无膨胀现象，经检验合格即可出厂。

（二）午餐肉罐头

午餐肉罐头是原料肉经腌制后，赋予制品鲜艳的红色和较高的持水性，使制品组织紧密、富有弹性、柔嫩多汁的罐头产品。

配料：净瘦肉26.5kg、肥瘦肉16.5kg、淀粉3kg、白胡椒粉72g、肉豆蔻粉24g、食盐950g、蔗糖16g、亚硝酸钠5g、冰屑4kg。

1. **原料选择与处理**　原料为去皮去骨猪肉，去净前后腿肥膘为净瘦肉；肋条去除部分肥膘，使肥膘厚度不超过2cm成为肥瘦肉。经加工后净瘦肉含肥肉为8%～10%，肥瘦肉含肥膘不超过60%。净瘦肉与肥瘦肉比例应为53∶33。

2. **腌制**　净瘦肉和肥瘦肉应分别腌制，各切成4cm左右的小块。每100kg肉加入混合盐（食盐98%，砂糖1.5%、亚硝酸钠0.5%）2.25kg，在0～4℃温度下，腌制48～72h。要求肉块鲜红，气味正常，肉质有柔滑和坚实的感觉。

3. **绞碎**　净瘦肉使用双刀双绞板进行细绞（里面一块绞板孔径为9～12mm，外面一块绞板孔径为3mm）。肥瘦肉使用孔径7～9mm绞板的绞碎机进行粗绞。

4. **斩拌**　将绞碎的肉倒入斩拌机中，并倒入冰屑、淀粉、白胡椒粉及肉豆蔻粉斩拌3min，再在33.3～46.7kPa真空度下搅拌1～1.5min。

5. **装罐**　装罐量分别为：198g、340g和397g装。

6. **排气及密封**　真空度为57.3～63.3kPa。

7. **杀菌及冷却**　杀菌公式为：198g装：$\frac{15min—50min—10min}{121.1℃}$0.147MPa；340g装：$\frac{15min—55min—10min}{121.1℃}$0.147MPa；397g装：$\frac{15min—70min—10min}{121.1℃}$0.147MPa。

8. **保温检查**　将罐头置于37℃下保温5昼夜，罐头无膨胀现象，即为合格产品。

（三）茄汁熬鸡软罐头

茄汁熬鸡罐头是将经过整理、预煮或烹调的鸡块装罐后，加入调味汁液的调味类罐头。软罐头是一种具有优良耐热性能的塑料薄膜或金属箔片叠层制成的复合包装容器，把食品装入这种容器中，加以热密封处理，然后再经110～120℃的加热处理，即成为可以长期保存的无菌性方便食品。

配方：鸡100只、桂皮50g、八角50g、小茴香40g、草果40g、肉豆蔻15g、丁香15g、砂仁15g、山柰25g、花椒25g、荜拨25g、生姜0.5kg、酱油1.2kg、食盐7.5kg、料酒300g、亚硝酸钠10g、甜面酱0.5kg、蔗糖2kg、冰醋酸0.2kg、20%番茄酱3.5kg、五香粉50g、味精100g、焦糖色素适量。

1. 原料选择与处理　选用个体大小一致，产蛋率下降后及时淘汰的蛋鸡。采取切颈放血，烫、脱毛时防止损伤皮肤，剪去头爪、肛门及不可食部分，沿胸骨与肛门线剖腹开膛，冲洗干净，沿脊椎把鸡劈成两半。

2. 腌制　用食盐 6kg、五香粉 60g 均匀涂擦在鸡体上，把鸡坯码入大缸内腌制 2.5h，至鸡肉断血断水，再用清水洗净、沥水。

3. 煮制　将香辛料装入纱布袋内扎紧，文火熬煮约 1h，再加入酱油、料酒，然后放入鸡坯后文火煮约 25min 出锅。

4. 浸茄汁熬料　取煮鸡的香料水，在其中加入甜面酱、蔗糖、冰醋酸、番茄酱、味精、焦糖色素和剩余的食盐熬煮 30min 左右，得到茄汁熬料。

把鸡坯放入微沸的熬料中浸煮 3～4min，然后吹冷。

5. 装袋　充分挤出鸡块内的水分，修平骨茬；用鸡颈配秤，垫于腔内。用透明蒸煮袋包装，每袋装鸡肉 425g，茄汁熬料 25g。真空热封温度为 200～220℃，真空度为 0.09～0.1MPa，热封时间 15～25s。封口要求无气泡，无裂层。

6. 杀菌　杀菌公式：$\frac{10\text{min}—30\text{min}—15\text{min}}{121℃}$。为了防止软罐头破袋，杀菌锅内温度降到 60℃时，方可缓慢减压。

7. 保温检查　擦净软罐头包装袋上的水，平放在塑料盘内，入库保温，库温 35～39℃，保温 7d。若真空度在 0.27MPa 以上，经有关检验合格后即可出厂。

三、调理肉制品加工

调理肉制品是指以新鲜肉为主要原料，经过洗、切或其他预处理及配制加工后，采用速冻工艺，并在冻结状态下贮存、运输和销售的包装肉制品，打开后可直接进行烹饪的预制食品。如调味肉串、调味肉丸、速冻涮羊肉、立烹肉等。

（一）速冻肉丸

速冻肉丸是以鸡肉、猪肉或牛肉为主要原料，添加辅料，经高速斩拌、成型、煮熟后速冻包装的产品。

鸡肉丸配方：鸡肉 16kg、猪肥膘 2kg、鸡皮 2kg、食盐 500g、蔗糖 300g、刺云实胶 180g、沙蒿胶 10g、磷酸盐 100g、生姜粉 60g、洋葱 1.8kg、味精 200g、鸡肉香精 200g、白胡椒粉 75g、鸡蛋液 3kg、玉米淀粉 5kg、冰水 5～6kg。

猪肉丸配方：瘦肉 14kg、肥膘 6kg、豌豆淀粉 3kg、食盐 400g、味精 250g、白胡椒粉 150g、生姜粉 50g、肉豆蔻粉 40g、蔗糖 100g、磷酸盐 100g、刺云实胶 150g、沙蒿胶 10g、冰水 6kg。

1. 原料肉的选择与处理　选择新鲜（冻）肉、猪肥膘作为原料肉。将瘦肉微冻，肥膘冷冻，再用 12～20mm 孔板的绞肉机将瘦肉、肥膘分别绞碎。

2. 打浆　将绞碎的瘦肉放入斩拌机中斩拌成泥状，再加入用水调好的各种辅料、肥膘高速斩拌成黏稠的细馅，最后加入用水调好玉米淀粉，低速搅拌均匀即可。在打浆过程

中注意用冰水控制温度，使肉浆的温度始终控制在10℃以下。

3. 成型　肉丸成型是肉浆低温凝胶的过程，将肉浆用肉丸成型机成型，从成型机出来的肉丸立即放入40～50℃的温水中浸泡30～50min成型。也可将成型机出来的肉丸随即放入滚热的油锅里油炸，炸至外壳呈浅棕色或黄褐色后捞出。

4. 煮制　煮制是高温凝胶的过程。将成型后的肉丸在80～90℃的热水中煮5～10min即可。经两段凝胶的肉类制品弹性和脆度好。煮制时间不宜过长，否则会导致肉丸出油而影响风味和口感。

5. 冷却　肉丸经煮制后立即放于0～4℃的环境中冷却至中心温度到8℃以下。

6. 速冻　将冷却后的肉丸放入速冻库中冷冻。速冻库中要求库温达－36℃，待中心温度达－18℃出库。

7. 包装贮存　经包装后的产品放于－18℃的低温库中贮存。

（二）速冻涮羊肉片

涮羊肉是我国传统食品，就是把切成薄片的羊肉在滚烫的汤中涮熟，然后蘸着调味酱进食。随着速冻技术的发展，我国传统食品涮羊肉经过速冻后成为超市中的畅销品。

配料：羊肉2kg、芝麻酱20g、黄酒10g、腐乳10g、韭菜花20g、酱油15g、辣椒油15g、虾油20g。

1. 原料选择与处理　选用阉割过的公绵羊的后腿肉为原料肉，将羊肉切成3cm厚、13cm宽的长方块，剔除骨和筋膜，用浸湿的干净薄布包上羊肉块。

2. 速冻　将肉块置于－30℃下的速冻机或速冻间中速冻20～35min后取出。

3. 切片　将从速冻机中取出的冻肉块在水中浸洗一下，立即揭去薄布，用切片机切成厚约1mm的薄片。

4. 分装调料包　将调料按固、液等不同形态分别按比例混合均匀，分别分装成固态和液态小调料包。

5. 包装、冻藏　将羊肉片和调料包一起封装于塑料袋中。经检验合格后送入－18℃的冻藏库冻藏。冻藏库温度应保持恒定，上下浮动幅度不超过2℃。

复习思考题

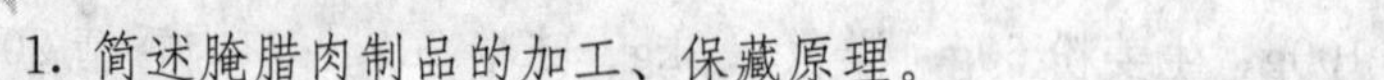

1. 简述腌腊肉制品的加工、保藏原理。
2. 常用的腌制方法及其优缺点。
3. 简述中、西式火腿的加工制作的异同点。
4. 试述板鸭的加工工艺及操作要点。
5. 制作酱卤制品有哪几道重要工序？应如何控制？
6. 简述熏制原理和烤制原理。
7. 简述北京烤鸭制作工艺。
8. 简述道口烧鸡的制作工艺。
9. 各种培根的原料是怎样选择及处理的？

10. 灌肠制作过程中易出现哪些质量问题?
11. 肉干、肉松、肉脯在加工工艺上有什么显著不同?
12. 试述罐头的定义及肉类罐头在加工中的各生产工艺过程。
13. 什么叫调理肉制品?简述速冻肉丸的加工工艺。

第五章

乳的成分及性质

学习目标

掌握乳的化学成分、理化特性与乳制品加工的关系；了解各种异常乳的性状及特点。

第一节　乳的组成及其特性

一、乳的组成

乳是哺乳动物产仔后由乳腺分泌的一种白色或稍带微黄色的不透明液体。乳的成分十分复杂，其中至少含有上百种化学成分，主要包括水分、脂肪、蛋白质、乳糖、盐类、维生素、酶类及气体等。牛乳的基本组成见表5-1。

表5-1　牛乳的基本组成

单位：%

成　分	平均含量	范　围	成　分	平均含量	范　围
水　分	87.1	85.3～88.7	蛋白质	3.3	2.3～4.4
非脂乳固体	8.9	7.9～10.0	酪蛋白	2.6	1.7～3.5
脂　肪	4.0	2.5～5.5	无机盐	0.7	0.57～0.83
乳　糖	4.6	3.8～5.3	有机酸	0.17	0.12～0.21

正常牛乳中各种成分的组成大体上是稳定的，但也受乳牛的品种、个体、地区、泌乳期、畜龄、挤乳方法、饲料、季节、环境、温度及健康状态等因素的影响而有差异，其中变化最大的是乳脂肪，其次是蛋白质，乳糖及无机盐则比较稳定。不同品种的乳牛其乳汁组成不尽相同。

二、乳中化学成分的性质

（一）乳蛋白质

牛乳的含氮化合物中95%为乳蛋白质，5%为非蛋白态含氮化合物。牛乳中的蛋白质可分为酪蛋白和乳清蛋白两大类，另外还有少量脂肪球膜蛋白质。

1. 酪蛋白　在20℃时调节脱脂乳的pH至4.6时沉淀的一类蛋白质称为酪蛋白，占乳蛋白总量的80%～82%。乳中的酪蛋白以酪蛋白酸钙-磷酸钙复合体状态存在。

酪蛋白胶粒具有明显的酸性，对 pH 的变化很敏感。在乳中加酸，或因微生物作用，使乳中的乳糖转化分解为乳酸，导致乳的 pH 降低时，酪蛋白胶粒中的钙与磷酸盐就逐渐游离出来，当 pH 达到酪蛋白的等电点 4.6 时，形成酪蛋白沉淀，工业上利用这个原理生产酸奶和干酪素。另外，酪蛋白胶粒在皱胃酶的作用下形成副酪蛋白钙凝块，工业上生产干酪就是利用此原理。乳中的酪蛋白胶粒还容易与钙或镁离子结合形成凝固，氯化钙除了使酪蛋白凝固外，也能使乳清蛋白凝固。

2. **乳清蛋白**　乳清蛋白是指溶解分散在乳清中的蛋白，对热不稳定，约占乳蛋白质的 20%。主要有 α-乳白蛋白、β-乳球蛋白、血清白蛋白和免疫球蛋白。这 4 类蛋白质约占乳清蛋白的 95%以上。此外，还有一些微量的蛋白质水解物。

3. **非蛋白含氮物**　非蛋白态的含氮化合物约占总氮的5%，如氨基酸、尿素、尿酸及肌酸等。

（二）乳脂肪

乳脂肪占乳脂质的 97%～98%，是牛乳的主要成分之一，呈微细球状分散于乳浆中，每毫升的牛乳中有 20 亿～40 亿个脂肪球。乳脂肪球的大小依乳牛的品种、个体、健康状况、泌乳期、饲料及挤乳情况等因素而异，通常直径为 0.1～10μm。

乳中的脂肪球为圆球形或椭圆球形，表面覆盖着一层膜，称为脂肪球膜。它的作用主要是防止脂肪球相互聚结。脂肪球膜主要由蛋白质、磷脂、甘油三酯、胆固醇和维生素 A 等构成，同时还有盐类和少量结合水。其结构见图 5-1。在机械搅拌或化学物质作用下，脂肪球膜遭到破坏后，乳脂肪球才会互相聚结在一起。

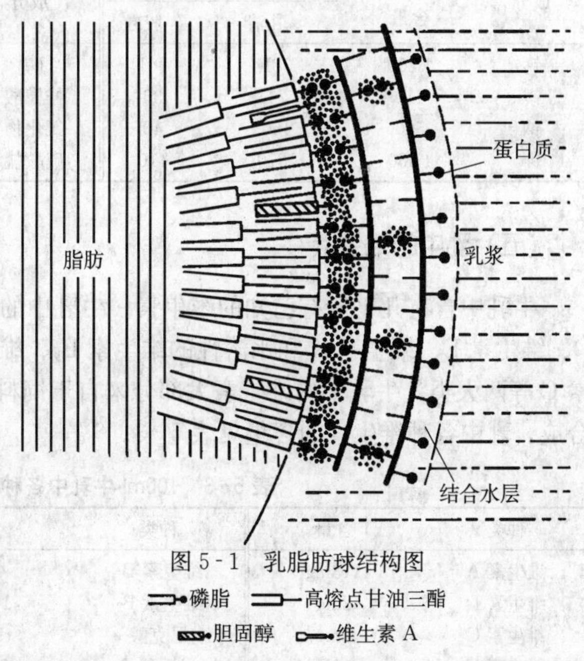

图 5-1　乳脂肪球结构图

磷脂　高熔点甘油三酯
胆固醇　维生素 A

乳脂肪是甘油三酯的混合物。组成乳脂肪的脂肪酸有 400 多种，其中水溶性挥发性脂肪酸的含量比例特别高，所以赋予乳脂肪特有的香味和柔润的质地，易于消化吸收，但也易受光、热、氧、金属的作用，使脂肪氧化产生脂肪氧化味。乳脂肪的脂肪酸组成受饲料、营养、环境、季节等因素的影响而变化。一般地说，夏季放牧期间不饱和脂肪酸含量升高，而冬季舍饲期则饱和脂肪酸含量增多，所以夏季加工的奶油其熔点比较低。

此外，乳中还有少量的卵磷脂、脑磷脂、神经磷脂和胆固醇。

（三）乳糖

乳糖是哺乳动物乳汁中特有的糖类。为葡萄糖与半乳糖结合的双糖。乳糖在乳中全部呈溶解状态。乳糖有 α-乳糖和 β-乳糖两种异构体，α-乳糖容易与一分子结晶水结合，变为

α-乳糖水合物，所以乳糖实际上共有三种形态。α-乳糖和β-乳糖在水中的溶解度不同，并随温度不同而变化。在水溶液中两者可以相互转化，直至α型与β型乳糖平衡时为止。

乳糖在乳糖酶的作用下可以水解，但一部分人随着年龄增长，消化道内缺乏乳糖酶，不能分解和吸收乳糖，饮用牛乳后会出现呕吐、腹胀、腹泻等不适应症，称其为乳糖不适应症。

乳中除了乳糖外还含有少量其他的碳水化合物。乳中含有极少量的葡萄糖、半乳糖、果糖、低聚糖、己糖胺。

（四）乳中的盐类

牛乳中的无机物主要有磷、钙、镁、氯、钠、硫、钾等。此外还有铁、碘、铜、锰、锌、钴等微量元素。牛乳中无机物的含量随泌乳期及个体健康状态等因素而异。乳中的无机物大部分以盐类形式存在，其中以磷酸盐和柠檬酸盐存在的数量最多，乳中溶解的盐类只存在于乳清中。牛乳中无机盐的含量见表 5-2。

表 5-2　1L 牛奶中主要无机盐含量与分布　　单位：mg

成分	平均含量	分布		成分	平均含量	分布	
		乳清	胶粒			乳清	胶粒
钙	1 200	381	761	磷	848	377	471
镁	110	74	36	柠檬酸	1 660	1 560	100
钠	500	460	40	氯化物	1 065	1 065	—
钾	1 480	1370	110	硫酸盐	100	—	—

（五）乳中的维生素

牛乳中含有几乎所有已知的维生素。牛乳中的维生素包括脂溶性的维生素 A、维生素 D、维生素 E、维生素 K 和水溶性的维生素 B_1、维生素 B_2、维生素 B_6、维生素 B_{12}、维生素 C 等两大类。牛乳中的维生素大部分来自于饲料，B 族维生素可由奶牛的瘤胃中微生物合成。乳中各种维生素的含量见表 5-3。

表 5-3　100ml 牛乳中各种维生素的含量

种类	含量	种类	含量	种类	含量
维生素 A	118mg	维生素 B_1	45mg	维生素 B_6	44μg
维生素 D	2mg	维生素 B_2	160mg	维生素 B_{12}	0.43μg
维生素 C	2mg	尼克酸	90μg	叶酸	0.2μg
维生素 E	痕量	泛酸	370μg	胆碱	15mg

（六）乳中的酶类

牛乳中的酶种类很多，但与乳品生产有密切关系的主要为以下几种。

1. **脂酶**　牛乳中乳脂肪在脂酶的作用下水解产生游离脂肪酸，从而使牛乳带上脂肪分解的酸败气味。为了抑制脂酶的活性，在奶油生产中，一般采用不低于 80～85℃的高温或超高温处理。另外，加工工艺也能使脂酶活性增加或增加其作用的机会。例如均质处

理后，由于脂肪球膜被破坏，增加了脂酶与乳脂肪的接触面，使乳脂肪更易水解，故均质后的乳应及时进行杀菌处理。其次，牛乳多次通过乳泵或在牛乳中通入空气剧烈搅拌，同样也会使脂酶的活力增加。

2. 磷酸酶 牛乳中的磷酸酶有两种：一种是酸性磷酸酶，存在于乳清中；另一种为碱性磷酸酶，吸附于脂肪球膜处。碱性磷酸酶在牛乳中较重要，它经63℃、30min或71～75℃、15～30s加热后可钝化，故可以利用这种性质来检验低温巴氏杀菌法处理的消毒牛乳的杀菌程度是否完全。

3. 过氧化物酶 过氧化物酶能促使过氧化氢分解产生活泼的新生态氧，从而使乳中的某些化合物氧化。过氧化物酶主要来自于白细胞的细胞成分，其数量与细菌无关，是乳中原有的酶，过氧化物酶钝化温度和时间大约为76℃、20min；77～78℃、5min；85℃、10s。通过测定过氧化物酶的活性可以判断牛乳是否经过热处理或判断热处理的程度。

4. 还原酶 还原酶则是挤乳后进入乳中的微生物的代谢产物。还原酶能使甲基蓝还原为无色。乳中的还原酶的量与微生物的污染程度成正比，因此可通过测定还原酶的活力来判断牛乳的新鲜程度。

（七）乳中的其他成分

除上述成分外，乳中尚有少量的有机酸、气体、细胞成分、风味成分等。

乳中的有机酸主要是柠檬酸，此外还有微量的乳酸、丙酮酸及马尿酸等。

乳中的气体主要为CO_2、O_2和N_2等。在挤乳及贮存过程中，CO_2由于逸出而减少，而O_2、N_2则因与大气接触而增多。

乳中所含的细胞成分主要是白细胞和一些乳房分泌组织的上皮细胞，也有少量红细胞。牛乳中的细胞数含量多少是衡量乳房健康状况及牛乳卫生质量的标志之一。一般正常乳中细胞数不超过50万个/mL。

三、异 常 乳

乳牛由于生理、病理等因素的影响，或乳挤出后混入杂质，使乳的成分和性质往往变化，不适于加工优质的产品，这种乳称作异常乳。

（一）生理异常乳

1. 初乳 初乳是母畜产犊后1周内所分泌的乳。初乳呈黄褐色，有异臭，味苦，黏度大。脂肪、乳清蛋白含量高（初乳中含大量免疫球蛋白）；乳糖含量低；无机盐含量高，含铁量为常乳的3～5倍，含铜量约为常乳的6倍，钠和氯含量也很高；维生素A、维生素D、维生素E和水溶性维生素含量较常乳多。

2. 末乳 母畜干乳期前两周所分泌的乳称其为末乳，其化学成分有显著异常，除了脂肪外，其他成分均比常乳高，有苦而微咸的味道，乳中含解脂酶多，常有脂肪分解，不适于作为乳制品的原料乳。

（二）化学异常乳

1. 酒精阳性乳 当乳中的酪蛋白胶粒呈不稳定状态时，受到酒精的脱水作用则加速其聚沉。乳品厂检验原料乳时，一般先用68%或70%的中性酒精进行检验，凡产生絮状凝块的乳称为酒精阳性乳。酒精阳性乳有下列几种：

（1）高酸度酒精阳性乳。一般酸度在24°T以上时的乳酒精试验均为阳性，称为酒精阳性乳。其原因是鲜乳中微生物繁殖使酸度升高。

（2）低酸度酒精阳性乳。有的鲜乳虽然酸度低（16°T以下），但酒精试验也呈阳性，所以称作低酸度酒精阳性乳。由于乳中代谢障碍、环境剧变、饲养管理不当等原因，导致乳的盐类平衡受影响而产生低酸性酒精阳性乳。

（3）冷冻乳。鲜乳冻结后，乳中一部分酪蛋白变性，同时酸度相应升高，解冻后易发生脂肪氧化味，以致产生酒精阳性乳。

2. 低成分乳 乳的成分主要受遗传和饲养管理等因素的影响，使乳的成分发生异常变化而产生干物质含量过低的乳。

3. 混入异物乳 混入异物的乳有人为掺假、加入防腐剂的异常乳和因预防治疗、促进发育使用的抗生素和激素等进入乳中的异常乳。此外，还有因饲料和饮水等使农药进入乳中而造成的异常乳。

4. 风味异常乳 造成牛乳风味异常的因素很多，主要有通过机体转移或从空气中吸收而来的饲料臭，由酶作用而产生的脂肪分解臭，乳挤出后受外界污染或吸收的牛体臭或金属臭等。

（三）微生物污染乳

微生物污染乳是由于挤乳后不及时冷却和器具的洗涤杀菌不完全等原因，使鲜乳被微生物污染的乳。

（四）病理异常乳

乳牛患乳房炎等疾病后所产的乳，这种乳中的乳糖、酪蛋白含量降低，氯离子和球蛋白含量升高，且细胞数增多，pH6.7以上。

第二节　乳的物理性质

乳的物理性质对于选择正确的工艺及鉴定乳的品质有着与化学性质同样重要的意义。

一、乳的色泽

新鲜正常的牛乳呈不透明的乳白色或稍带淡黄色。乳白色是乳的基本色调，这是由于乳中的酪蛋白酸钙-磷酸钙胶粒及脂肪球等微粒对光的不规则反射的结果。牛乳中的脂溶性胡萝卜素和叶黄素使乳略带淡黄色；而水溶性的核黄素使乳清呈荧光性黄绿色。

二、乳的滋味与气味

乳中含有挥发性脂肪酸及其他挥发性物质，所以牛乳带有特殊的香味。这种香味随温度的高低而异。牛乳很容易吸收外界的各种气味。由于乳中乳糖的存在，新鲜纯净的乳稍带甜味。

三、乳的酸度和氢离子浓度

刚挤出的新鲜乳的酸度称为固有酸度或自然酸度。自然酸度主要由乳中的蛋白质、柠檬酸盐、磷酸盐及 CO_2 等酸性物质所构成。若以乳酸百分率计，牛乳自然酸度为0.15%～0.18%。挤出后的乳在微生物的作用下发生乳酸发酵，导致乳的酸度逐渐升高。由于发酵产酸而升高的这部分酸度称为发酵酸度。固有酸度和发酵酸度之和称为总酸度。

1. 乳的滴定酸度 我国滴定酸度用吉尔涅尔度或乳酸百分率（乳酸%）来表示。乳的酸度越高，乳对热的稳定性就越低。

（1）*吉尔涅尔度*（°T）。中和100ml牛乳所需的0.1mol/L氢氧化钠毫升数称为该牛乳的吉尔涅尔度，消耗1mL为1°T，也称1度。正常牛乳的酸度为16～18°T。

（2）*乳酸度*。正常牛乳用乳酸量表示酸度时为0.15%～0.18%。按上述方法测定后用下列公式计算：

$$乳酸度=\frac{0.1\text{mol/L NaOH 毫升数}\times 0.009}{\text{乳样毫升数}\times\text{密度（g/ml）}}\times 100\%$$

2. 氢离子浓度 氢离子浓度反映了乳中处于电离状态的活性氢离子的浓度，又称pH。正常新鲜牛乳的pH为6.4～6.8，一般酸败乳或初乳的pH在6.4以下，乳房炎乳或低酸度乳pH在6.8以上。乳挤出后，在存放过程中由于微生物的作用，使乳糖水解为乳酸。乳酸是一种电离度小的弱酸，而且乳是一个缓冲体系，所以在一定范围内，虽然产生了乳酸，但乳的pH并不相应地发生明显的变动，因此生产中广泛地采用测定滴定酸度来间接掌握乳的新鲜度。

四、乳的相对密度

相对密度是检验牛乳质量的一项重要指标。通常用乳稠计测定，我国有20℃/4℃的乳稠计和15℃/15℃的乳稠计两种规格，正常乳的相对密度D20/4平均为1.030，d15/15相对密度平均为1.032。

温度对乳的相对密度测定值影响较大，在10～25℃范围内，每升高1℃，乳的相对密度降低0.000 2，每下降1℃，乳的相对密度则升高0.000 2；乳中加水时相对密度也降低，每增加10%的水，约降低相对密度0.003。

五、乳的冰点、沸点和比热

由于有溶质的影响，乳的冰点比水低而沸点比水高。

1. **冰点** 牛乳的冰点一般为−0.525～−0.565℃，牛乳中的乳糖和盐类是导致冰点下降的主要因素。正常的牛乳其乳糖及盐类的含量变化很小，所以冰点很稳定。如果在牛乳中掺10%的水，其冰点约上升0.054℃，此方法可检测出加水量3%以上的乳。

酸败的牛乳其冰点会降低，当乳酸度在0.18%以上时，每高出0.01%，则冰点降低0.003 4℃。

2. **沸点** 牛乳的沸点在101.33kPa（1个大气压）下为100.55℃。乳的沸点受其固形物含量影响，浓缩过程中沸点上升。

3. **比热** 牛乳的比热为其所含各成分之比热的总和。牛乳的比热大约为3.89kJ/(kg·K)。牛乳的比热随其脂肪含量及温度的变化而异，脂肪含量越高，乳的比热越小。但在14～16℃的范围内，乳脂肪含量越多，使温度上升1℃所需的热量就越大，比热也相应增大。

六、乳的电导率

乳中含有电解质而能传导电流。牛乳的电导率与其成分，特别是氯离子和乳糖的含量有关。正常牛乳在25℃时，电导率为0.004～0.005S/cm。乳房炎乳中Na^{+}、Cl^{-}等离子增多，电导率上升。一般电导率超过0.06S/cm即可认为是病牛乳。故可应用电导率的测定进行乳房炎乳的快速鉴定。

七、乳的黏度与表面张力

正常乳的黏度为0.001 5～0.002Pa·s。牛乳的黏度随温度升高而降低。在乳的成分中，脂肪及蛋白质对黏度的影响最显著。在正常的牛乳成分范围内，非脂乳固体含量一定时，随着含脂率的增高，牛乳的黏度亦增高。当含脂率一定时，随着乳固体的含量增高，黏度也增高。在加工中，黏度受脱脂、杀菌、均质等操作的影响。

牛乳表面张力在20℃时为0.04～0.06N/cm。牛乳的表面张力随温度的上升而降低，随含脂率的降低而增大。乳经均质处理后，脂肪球表面积增大，由于表面活性物质吸附于脂肪球界面处，从而增加了表面张力。

复习思考题

1. 牛乳的化学成分包括哪些？
2. 简述酪蛋白的凝固与加工的关系。
3. 何谓乳的酸度？为什么乳的酸度不用pH表示？
4. 简述异常乳的种类及特点。

第六章

乳的质量控制和乳品加工基本单元操作

学习目标

掌握原料乳的验收标准及方法；了解乳的预处理方法；掌握乳的常见单元加工原理及方法。

第一节　原料乳的验收与预处理

一、原料乳的检验

我国《鲜乳卫生标准》（GB19301—2003）包括感官指标、理化指标及微生物指标。原料乳生产现场检验以感官检验为主，辅以部分理化检验，如相对密度测定、酒精试验、掺假试验，光学仪器测乳成分等，一般不作微生物检查。若原料乳量大而对其质量有疑问时，可定量采样后在实验室中进一步检验其理化和微生物指标。

（一）感官指标检验

鲜乳的感官检验主要是进行嗅觉、味觉、外观、尘埃等的鉴定。

正常牛乳呈白色或微带黄色，具有乳固有的香味，无异味，呈均匀一致的胶态液体，无凝块、无沉淀、无肉眼可见的异物。

（二）理化指标检验

我国规定原料乳验收时的理化指标不再分级，见表 6-1。

表 6-1　鲜奶理化指标

项　目	指　标	项　目	指　标
密度（20℃/4℃）	≥1.028	杂质度（mg/kg）	≤4.0
脂肪（g/100g）	≥3.10	铅（Pb）（mg/kg）	≤0.05
蛋白质（g/100g）	≥2.95	无机砷/（mg/kg）	≤0.05
非脂乳固体/（g/100g）	≥8.1	黄曲霉毒素 M_1（μg/kg）	≤0.5
		滴滴涕（mg/kg）	≤0.1
酸度（°T）	牛乳 18 羊乳 16	六六六（mg/kg）	≤0.02

1. **密度** 密度常作为评定鲜乳成分是否正常的一个指标，但不能只凭这一项来判定，必须再通过脂肪和风味的检验，来判定鲜乳是否经过脱脂或加水。

2. **酸度** 酸度是衡量牛乳新鲜度和热稳定性的重要指标。一般来说，酸度高则新鲜程度和热稳定性差，酸度低表示新鲜程度和热稳定性好。可用酒精试验和滴定酸度来判定乳的酸度。

3. **乳成分的测定** 近年来，随着分析仪器的发展，乳品检测出现了很多新方法和高效率的检验仪器。如采用光学法来测定乳脂肪、乳蛋白、乳糖及总干物质，并已开发使用各种微波仪器。

（1）微波干燥法测定总干物质（TMS检验）。通过2 450MHz的微波干燥牛奶，并自动称量、记录乳总干物质的质量。速度快，测定准确，便于指导生产。

（2）红外线牛奶全成分测定。通过红外线分光光度计，自动测出牛奶中的脂肪、蛋白质、乳糖3种成分。

4. **杂质度检查** 用移液管从奶桶底部吸取样品，然后用滤纸过滤，并观察滤纸上留下的可见杂质。

（三）微生物指标检验

一般现场检验不做细菌指标检验，但在加工前，必须检查细菌总数和体细胞数，以确定原料乳的质量和等级，如果是加工发酵制品的原料乳，必须做抗生素检查。要求原料乳菌落总数不超过 5×10^6，金黄色葡萄球菌、志贺菌、沙门菌等致病菌不得检出。

1. **细菌检查** 细菌检查方法很多，有美蓝还原试验、细菌总数测定、直接镜检等方法。细菌指标分别为四个级别，按表6-2中细菌总数指标进行评级。

表6-2 原料乳的细菌指标

分级	平皿细菌总数分级指标法（104cfu/ml）	美蓝褪色时间分级指标法	分级	平皿细菌总数分级指标法（104cfu/ml）	美蓝褪色时间分级指标法
Ⅰ	≤50	≥4h	Ⅲ	≤200	≥1.5h
Ⅱ	≤100	≥2.5h	Ⅳ	≤400	≥40min

（1）美蓝还原试验。新鲜乳加入美蓝亚甲基蓝溶液后染为蓝色，如污染微生物后产生还原酶使颜色逐渐变淡，直至无色，通过测定颜色变化速度，间接地推断出鲜奶中的细菌数。此法除可迅速地查明细菌数外，对白细胞及其他细胞的还原作用也敏感，还可检验异常乳（乳房炎乳及初乳或末乳）。

（2）稀释倾注平板法。平板培养计数是取样稀释后，接种于琼脂培养基上，培养24h后计数，确定样品的细菌总数。

（3）直接镜检法。取一定量的乳样，在载玻片涂抹一定的面积，经过干燥、染色，镜检观察细菌数，根据显微镜视野面积，可推断鲜乳中的细菌总数。直接镜检比平板培养法更能迅速地判断结果。

2. **细胞数检验** 正常乳中的体细胞，多数来源于上皮组织的单核细胞，如有明显的多核细胞出现，可判断为异常乳。常用的方法有直接镜检法（同细菌检验）或加利福尼亚

细胞数测定法（GMT法）。GMT法检验细胞数是根据细胞在遇到表面活性剂时，会收缩凝固的现象，细胞越多，凝集状态越强，出现的凝集片越多。

3. 抗生物质残留量检验　抗生物质残留量检验是验收发酵乳制品原料乳的必检指标。常用的方法有以下几种：

（1）TTC（氯化三苯基四氮唑）试验。如果鲜乳中有抗生物质的残留，在被检乳样中，接种细菌进行培养，细菌不能增殖，加入的指示剂TTC保持原有的无色状态（未经过还原）。反之，如果无抗生物质残留，试验菌就会增殖，使TTC还原，被检样变成红色。被检样保持鲜乳的颜色即为阳性，如果变成红色为阴性。

（2）纸片法。将指示菌接种到琼脂培养基上，然后将浸过被检乳样的纸片放入培养基上，进行培养。如果被检乳样中有抗生物质残留，会向纸片的四周扩散，阻止指示菌的生长，在纸片的周围形成透明的阻止带，根据阻止带的直径，判断抗生物质的残留量。

二、原料乳的预处理

原料乳的预处理是乳制品生产中必不可少的环节，也是保证产品质量的关键工段，如图6-1所示。预处理工序包括净乳、冷却和贮存等步骤。

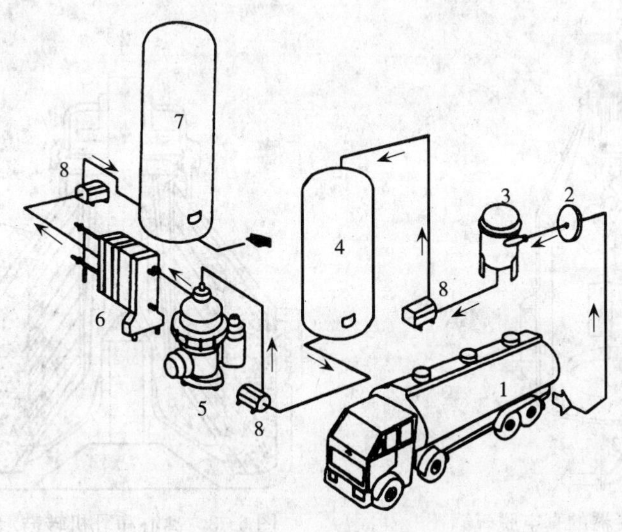

图6-1　乳的接收流程

1. 乳槽车　2. 过滤器　3. 脱气器　4. 贮存罐　5. 离心分离机　6. 冷却器　7. 贮乳缸　8. 乳泵

（一）乳的脱气

牛乳经收集、运输后，气体含量在10%以上，这些气体影响牛乳计量的准确性、使杀菌器中结垢增加、促使脂肪球聚合、影响乳的分离效率和标准化的准确度。因此，对牛乳进行脱气处理是非常必要的。一般使用真空脱气罐除去乳中的气泡。

将牛乳预热至68℃，然后泵入真空脱气罐，此时牛乳的温度立刻降至60℃，部分牛乳和空气会蒸发至罐顶部，遇到罐冷凝器后，蒸发的牛乳冷凝回流到罐底部，而空气和一些不凝气体（异味）由真空泵抽出，见图 6-2。

（二）原料乳的净化

原料乳净化的目的是除去机械杂质并减少微生物数量。一般采用过滤净化和离心净化的方法。

1. 原料乳的过滤 奶牛场常用的过滤方法是 3～4 层纱布过滤。乳品厂简单的过滤是在受乳槽上装不锈钢制金属网加多层纱布进行粗滤，进一步的过滤可采用管道过滤器。中型乳品厂也可采用双筒牛乳过滤器。滤布或滤筒通常在连续过滤5 000～10 000L 牛乳后，就应更换、清洗和灭菌。一般连续生产都设有两个过滤器交替使用。

2. 乳的净化 原料乳经过数次过滤后，虽然除去了大部分杂质，但乳中污染的很多极微小的细菌细胞和机械杂质、白细胞及红细胞等，不能用一般的过滤方法除去，需用离心式净乳机进一步净化，牛乳在离心作用下，不溶性的物质因为密度较大而被甩到分离机壳周围的污泥室（图 6-3），从而达到净化的目的。大型乳品厂也采用三用分离机（奶油分离、净乳、标准化）来净乳。

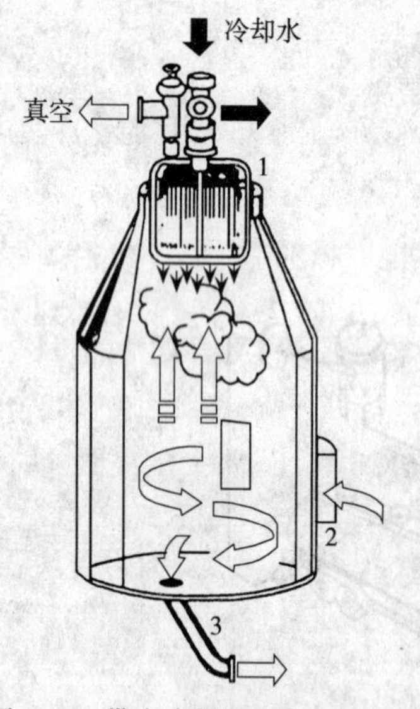

图 6-2 带有冷凝器的真空脱气罐
1. 安装在罐顶部的冷凝器
2. 切线方向的牛乳进口
3. 带水平控制系统的牛乳出口

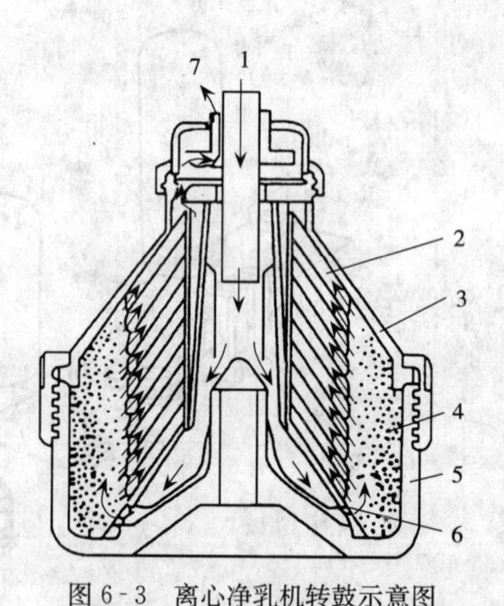

图 6-3 离心净乳机转鼓示意图
1. 牛乳入口 2. 分离碟片组 3. 转鼓盖
4. 污泥室 5. 转鼓底座 6. 分布器
7. 牛乳出口

离心净乳一般设在粗滤之后，冷却之前。净乳时乳温以 30～40℃为宜，在净乳过程中要防止泡沫的产生。

（三）原料乳的冷却、贮藏与运输

1. 乳的冷却 乳经净化后必须迅速冷却到 4～10℃，以抑制乳中微生物的繁殖。刚挤出的乳中微生物不会大量繁殖，甚至会出现微生物减少的趋势，这是因为乳含有天然抑菌

成分使微生物的繁育受到抑制。这种抑菌期的长短，与原料乳温度的高低和细菌污染程度有关。因此，原料乳应迅速冷却到低温，其抑菌特性可保持相当长的时间。通常可以根据贮存时间的长短选择适宜的温度，见表6-3、表6-4。

表6-3 乳温与抗菌作用的关系

乳温（℃）	抗菌特性作用时间	乳温（℃）	抗菌特性作用时间
37	2h以内	5	36h以内
30	3h以内	0	48h以内
25	6h以内	−10	240h以内
10	24h以内	−25	720h以内

表6-4 乳的保存时间与冷却温度的关系

乳的保存时间（h）	乳应冷却的温度（℃）	乳的保存时间（h）	乳应冷却的温度（℃）
9～12	10～8	24～36	5～4
12～18	8～6	36～49	2～1
18～24	6～5		

对原料乳的冷却，加工厂基本上都用片式热交换器冷却，乳量少的个体户可用水池、水井或冰柜冷却。

2. 乳的贮存 为了保证工厂连续生产的需要，必须有一定的原料乳贮存量。一般工厂总的贮乳量为生产能力的50%以上。

贮乳罐有卧式和立式两种，均由不锈钢制成。为防止贮乳罐温度上升，中间均有保温层，并设有搅拌机、窥视孔。贮乳罐的总容量应根据乳品厂的生产能力而定，一般贮乳量不少于两个班的处理量。贮乳罐规格有2 000L、5 000L、10 000L等小型贮乳罐和2 500～150 000L不等的大型贮乳罐。较小的贮乳罐常常安装在室内，较大的则安装在室外，以减少厂房建筑费用。

贮乳罐使用前应彻底清洗、杀菌，待冷却后贮入牛乳。每罐须放满，并加盖密封。如果装半罐，会加快乳温上升，不利于原料乳的贮存。贮存期间要开动搅拌机。

3. 乳的运输 目前我国乳源分散的地方采用乳桶运输，乳源集中的地区采用乳槽车运输。乳槽为不锈钢，车后有离心式乳泵，装卸方便，见图6-4。国外有塑料乳槽车，车体轻便，隔热效果良好，使用极为方便。一些先进地区还采用不锈钢的地下管道运输。

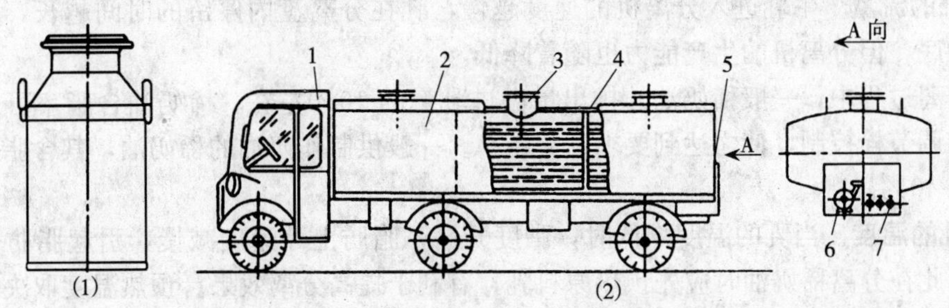

图6-4 奶桶（1）和奶槽车（2）

1. 汽车 2. 奶槽 3. 入孔 4. 保温层 5. 奶泵室 6. 奶泵 7. 球阀

第二节　乳品加工基本单元操作

一、原料乳的分离

牛乳脂肪的密度为0.93，而脂肪以外的其他部分密度为1.034。当乳静止的时候，由于重力作用，脂肪上浮，在乳的上层形成乳脂率很高的部分，习惯上将这部分称为稀奶油，而下面乳脂率低的部分称为脱脂乳。把乳分成稀奶油和脱脂乳的过程称为乳的分离。

在乳制品生产中离心分离的目的主要是得到稀奶油和脱脂乳，对乳或乳制品进行标准化加工以得到要求的脂肪含量。此外还可清除乳中杂质、细菌。

（一）乳的分离设备及原理

现代化的乳品厂多用奶油分离机分离奶油。目前使用的奶油分离机有开放式、半封闭式和封闭式三种，其分离原理和基本构造大致相同，包括传动部分，分离钵、容乳器、机座四部分。分离的原理是根据乳脂肪与脱脂乳相对密度的不同，在离心机6 000～8 000r/min的高速旋转离心作用下，使脱脂乳与稀奶油分开，各自沿分离机的不同出口流出，见图6-5。

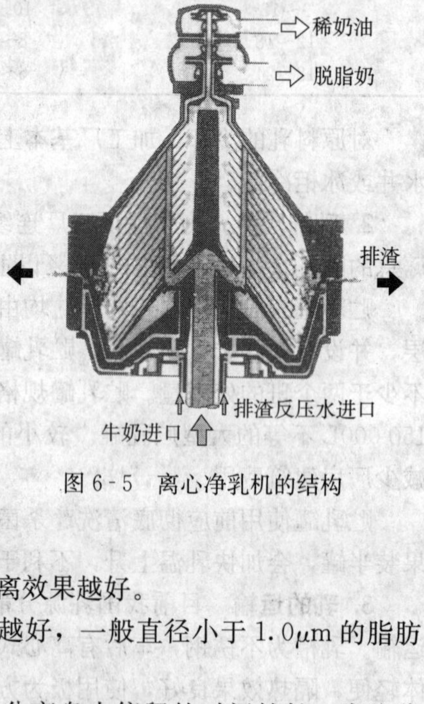

图6-5　离心净乳机的结构

（二）影响分离效果的因素

从牛乳中分离出来的乳脂肪的数量取决于分离机的种类、牛乳在分离机中的流速及脂肪球的大小。

1. **分离钵的转速**　分离钵的转速越高，牛乳的分离效果越好。

2. **脂肪球的直径**　脂肪球的直径越大，分离效果越好，一般直径小于1.0μm的脂肪球不能被分离出来。

3. **乳的流量**　牛乳进入分离机的速度越慢，乳在分离盘内停留的时间越长，脂肪分离就越彻底，但分离机的生产能力也随着降低。

在分离过程中，一般稀奶油的排出量占进乳量的10%左右。稀奶油含脂率可通过分离机上的调节栓控制，使之达到要求的含脂率。一般供制作奶油的稀奶油，其含脂率要求在30%～40%。

4. **乳的温度**　当乳的温度降低时，黏度升高，脂肪上浮速度减慢，引起脂肪分离不完全。因此在分离稀奶油时应先预热原料乳，有利于提高分离效果。预热温度取决于分离机的类型，一般控制在35～40℃，若温度过高，会有大量泡沫产生，蛋白质也会发生凝固现象，反而影响分离效果。

二、乳的均质

（一）均质的目的及方法

由于乳中脂肪球具有运动性和不均匀性，容易出现聚集和上浮等现象，严重影响乳制品质量，所以一般乳品加工中多采用均质工艺。

均质就是将乳通过均质机，在强大压力的作用下，破碎脂肪球，使脂肪球变细且均匀分布于乳中。

目前生产中较多采用二段均质机，其中第一段均质压力大（占总均质压力的 2/3），第二段的压力小（占总均质压力的 1/3）。一级均质后被破碎的小脂肪球具有聚集的倾向；而经过二级均质后重新聚集在一起的小脂肪球又被分开，大大提高了均质的效果。乳脂肪均质效果见图 6-6。

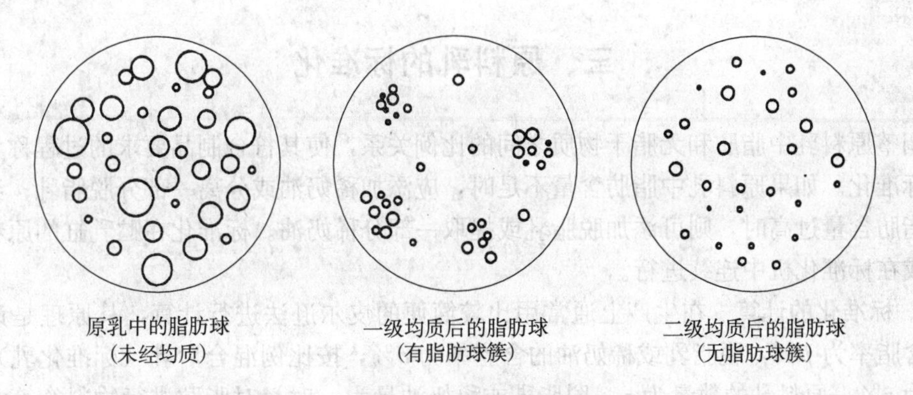

图 6-6　均质效果图

较高温度下均质效果较好，但温度过高会引起乳脂肪、蛋白质变性，因此应避免均质生牛奶。牛乳的均质温度一般控制在 50～65℃。

（二）均质对乳的影响

1. **脂肪球数量和大小的变化**　乳经均质后，大的脂肪球被破碎成均匀一致的小脂肪球并稳定地分散在乳中，乳脂肪球的数量和表面积都急剧增加。由于脂肪球表面积的增大，原来的脂肪球膜不足以包裹现有的脂肪球，所以还存在脂肪球聚集的现象。因此，在生产上通常需加入一定量的乳化剂来弥补膜的不足。此外，由于脂肪球数量增加、体积变小，均质后牛乳不能被有效地分离。

2. **脂肪球膜的变化**　在均质过程中脂肪球膜被破坏，乳中的酪蛋白胶粒可被吸附到脂肪球表面修补受损的脂肪球膜，因此，任何引起酪蛋白胶粒凝固的反应都能引起乳脂肪球的凝固。

3. **乳的稳定性的变化**　乳均质后，脂肪球变小，而且有蛋白质等成分的包裹，使其能均匀分布于乳中，有效防止了脂肪上浮或其他成分沉淀而造成的分层，大大提高了产品的贮存稳定性，延长了产品的货架期。

然而经均质处理后，乳蛋白质的热稳定性会有所降低，而且由于脂肪存在状态的变化以及一些酶类物质变化也导致均质后的牛乳对光更加敏感，易产生日晒味、氧化味、易受脂酶的水解等缺陷。由于解脂酶对热不稳定，均质前或均质后迅速进行热处理可促使解脂酶失活。

4. 乳的黏度变化 均质后乳脂肪球的数目增加，且酪蛋白附在脂肪球表面，使乳中颗粒物质的总体积增加，均质乳的黏度比均质前有所增加，可改善牛乳的稀薄口感。此外，脱脂乳在高压均质后会产生更多的泡沫，吸附更多的空气。

5. 乳的颜色变化 均质后乳中的脂肪球数量增加，增大了光线折射和反射的机会，使均质乳比均质前略有增白。

6. 乳的风味的变化 均质后由于脂肪球内部的脂肪成分释放出来，更利于乳中具有芳香气味的脂类成分逸出，改善乳的风味。

7. 乳的营养性质的变化 均质后脂肪球变小，更利于人体消化吸收。

三、原料乳的标准化

调整原料乳中脂肪和无脂干物质之间的比例关系，使其符合制品要求的过程称为原料乳的标准化。如果原料乳中脂肪含量不足时，应添加稀奶油或分离一部分脱脂乳；当原料乳中脂肪含量过高时，则可添加脱脂乳或提取一部分稀奶油。标准化在贮乳缸的原料乳中进行或在标准化机中连续进行。

1. 标准化的计算 在生产上通常用比较简便的皮尔逊法进行计算，其原理是设原料中的含脂率为 $p\%$，脱脂乳或稀奶油的含脂率为 $q\%$，按比例混合后乳（标准化乳）的含脂率为 $r\%$，原料乳的数量为 x，脱脂乳或稀奶油量为 y 时，对脂肪进行物料衡算，则形成下列关系式：

$$px+qy=r(x+y)$$

则 $$x(p-r)=y(r-p)$$

或 $$\frac{x}{y}=\frac{r-q}{p-r}$$

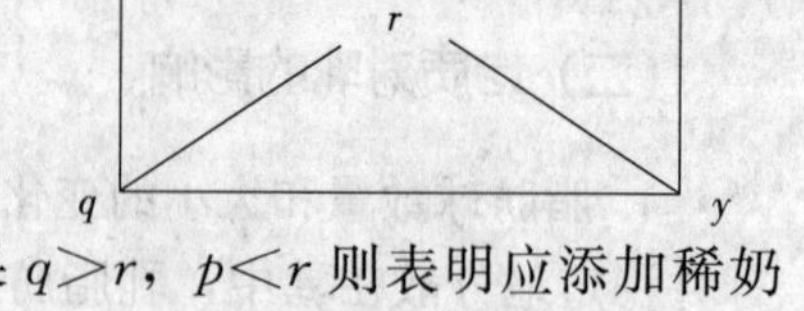

式中，若 $q<r$，$p>r$，表示需要添加脱脂乳；如果 $q>r$，$p<r$ 则表明应添加稀奶油。用方块图表示它们之间的比例关系。

例 今有1 000kg 含脂率为3.5%的原料乳，拟用脂肪含量为0.2%的脱脂乳调整，使标准化后的混合乳脂肪含量为3.2%，需添加脱脂乳多少？

因 $q<r$，$p>r$，按关系式

$$\frac{x}{y}=\frac{r-q}{p-r}$$

则得： $$\frac{x}{y}=\frac{3.2-0.2}{3.5-3.2}=\frac{3.0}{0.3}$$

p=3.5　x　r−q=3.0
r=3.2
q=0.2　y　p−r=0.3

已知 $x=1\,000\text{kg}$

故 $$\frac{1\,000}{y}=\frac{3.0}{0.3}，则\ y=100\ (kg)$$

即需要添加脂肪含量为 0.2%的脱脂乳 100kg。

2. 标准化方法 可以按计算比例在牛乳原料罐中添加乳脂肪或非脂乳固体的方法进行离线标准化。现在工厂化生产大多数是通过在线标准化与净化分离连在一起进行。将牛乳加热至 55～65℃，然后按预先设定好的脂肪含量，分离出脱脂乳和稀奶油，并根据最终产品的脂肪含量，由设备自动控制回流到脱脂乳中的稀奶油的流量，多余的稀奶油会流向稀奶油巴式杀菌机。在线标准化流程见图 6-7。

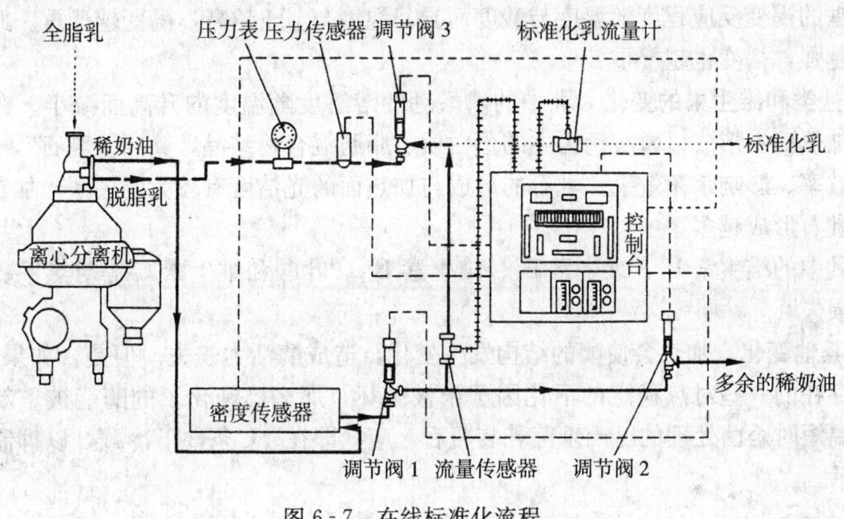

图 6-7 在线标准化流程

······全脂乳/标准化乳 — —脱脂乳 ——稀奶油 ++++数据传输线 ---气动控制线

四、乳的热处理

所有液体乳和乳制品的生产都需要热处理。这种处理主要目的在于杀死微生物和使酶失活。适当热处理可以限制脂肪的自动氧化，避免脂肪快速上浮。此外，通过热处理改变乳的物理化学性质以满足进一步加工的需要。但热处理也会带来不利的影响，例如褐变、风味变化、营养物质损失和对凝乳力的损害，因此热处理工艺需要根据产品要求加以优化。

（一）乳在加热过程中的变化

1. 蛋白质的变化 乳清蛋白对热会产生不稳定现象。如果加热时间均为 30min，球蛋白变性温度为 70℃，血清白蛋白为 74℃，β-乳球蛋白为 90℃，α-乳白蛋白为 94℃。乳清蛋白变性形成凝固，导致加热后的乳变得稍微白一些，黏度增加。当牛乳加热温度超过 75℃时，β-乳球蛋白和脂肪球膜蛋白分解产生活性巯基，甚至产生挥发性的硫化氢等硫化物，使牛乳产生“蒸煮味”。

牛乳中酪蛋白在 100℃以下温度加热时，酪蛋白几乎不发生结构变化；但在 120℃加热 30min 以上，酪蛋白胶粒发生部分水解、脱磷酸和聚集，凝固能力降低，如用皱胃酶凝固牛乳时，凝固时间延长，凝块变柔软。同时，酪蛋白在 100℃长时间加热或在 120℃加热时，酪蛋白会参与褐变反应。

2. 脂肪的变化 在加热过程中，乳脂肪易上浮与凝固的乳蛋白质形成聚合体，导致乳脂肪不易分离出来，因此分离稀奶油时，加热温度不能超过 65℃。牛乳经加热后游离脂肪酸量减少。

3. 乳糖的变化 在不太强烈的热处理条件下，乳糖分解产生乳酸、醋酸、蚁酸等，使乳的滴定酸度增加。在 100℃长时间加热或在 120℃加热时，乳糖与蛋白质发生褐变反应。乳糖的褐变反应程度随温度与酸度而异，温度与 pH 越高，褐变越严重。此外，糖的还原性越强，褐变也越严重。

4. 盐类和维生素的变化 乳中的磷酸钙的溶解度随温度的升高而减小。在加热过程中，在加热面上形成以磷酸钙为主的蛋白质、脂肪混合物结晶，又叫“乳石”，影响传热，降低热效率、影响杀菌效果。乳石的形成与加热面的光洁度有较大的关系，加热面光洁度越差，乳石形成越多。

牛乳中的维生素 B_1、维生素 B_6、维生素 B_{12}、叶酸和维生素 C 等对热不稳定，加热很容易损失。

5. 其他变化 加热会使酶的结构发生变化，造成酶活力丧失。但是，如果热处理时，牛乳中存在的一些对热稳定的活化因子未被破坏，那么已钝化了的酶能被重新活化。所以，高温短时杀菌处理的巴氏杀菌乳装瓶后，应立即在 4℃条件下冷藏，以抑制碱性磷酸酶的复活。

（二）热处理方法

1. 低温长时杀菌法 是指能使乳中的碱性磷酸酶灭活的热处理强度，通常采用 63～65℃，30min 或 72～75℃，15s 的加热处理，可以杀死牛乳中几乎所有病原菌，乳清蛋白也很少变性，但对部分嗜热菌及耐热性菌以及芽孢等则不易杀死。仍有少量的乳酸菌残存。

此法一般都为分批间歇式，使用夹套式保温缸进行杀菌。杀菌时先泵入牛乳，开动搅拌器，同时向夹套中通入热水和蒸汽，使乳温徐徐上升，到所规定的温度，停止进汽和热水，维持规定时间后，立刻向夹套中通入冷水尽快冷却。本法只能间歇进行，适于少量牛乳的处理。

2. 高温短时杀菌法 是指能够使乳中过氧化物酶灭活的热处理强度，一般采用 80～85℃，10～15s 的热处理。这种热处理可杀死全部微生物营养体，但细菌的芽孢不能被杀死；大多数酶被钝化；部分乳清蛋白发生变性，产生明显蒸煮味；除维生素 C 有些损失外，其他营养成分没有明显改变；增强了脂肪的氧化稳定性。

高温短时杀菌通常采用片式热交换器装置，又叫板式热交换器，见图 6-8。它由许多有波纹的薄金属板依次重叠在框架上压紧而成，加热（或冷却）介质与牛乳在相邻两板间流动，进行热交换。一台设备可包括预热、杀菌、保持和冷却段，各段由隔板分开，各由若干薄片组成。在预热和预冷却时，由冷热乳自身进行热交换，可以吸收许多热量，充分利用热能。其缺点是密封垫圈易泄漏，需经常清洗、更换；不能耐高压。

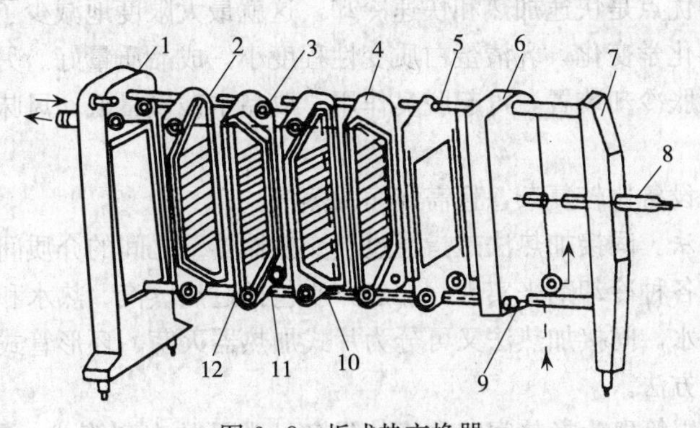

图 6-8　板式热交换器

1. 前支架　2. 上角孔　3. 橡胶垫圈　4. 分界片　5. 导杆
6. 压紧板　7. 后支架　8. 压紧螺杆　9. 连接管　10. 传热片橡胶垫圈
11. 下角孔　12. 传热片

3. **超高温杀菌法**　超高温杀菌法又称 UHT 灭菌。灭菌条件为 130～150℃，2～5s。用这种方法处理时，乳中微生物全部被杀灭，大多数乳蛋白质没有化学变化，有轻微的蒸煮味，但不能灭活全部的酶类，是一种比较理想的灭菌法。在无菌条件下进行包装后的成品，可保持相当长的时间而不变质。超高温杀菌法按物料与加热介质接触与否分为直接加热法和间接加热法。

(1) 直接加热法。直接加热法是乳先用蒸汽直接加热，然后进行急剧冷却。此法包括喷射式（蒸汽喷入制品中）和注入法（制品注入蒸汽中）两种方式，见图 6-9。

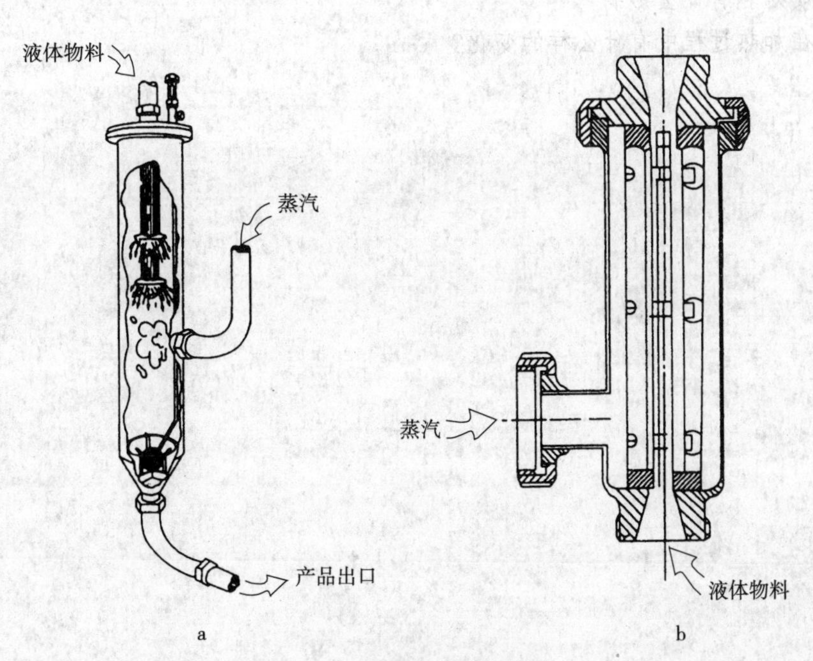

图 6-9　直接喷射法加热器

a. Crepaco 公司制造的物料注入式直接蒸汽喷射换热器
b. Alfa-Laval 公司制造的蒸汽喷射式换热器

直接加热法的优点是快速加热和快速冷却，这就最大限度地减少了超高温处理过程中可能发生的物理和化学变化，乳清蛋白质变性程度小，成品质量好。另外，直接加热方式设备中附有真空膨胀冷却装置，可起脱臭作用，成品中残氧量低，风味较好，亦不存在加热面结垢问题。

但直接加热法设备比较复杂，且需纯净的蒸汽。

（2）间接加热法。间接加热法是指通过热交换器器壁之间的介质间接加热的方法，其冷却也可间接通过各种冷却剂来实现。加热介质包括过热蒸汽、热水和加压热水。冷却剂常见的是冷水或冰水。间接加热法又可分为片式加热器灭菌、环形管式加热器灭菌、刮面式加热器灭菌几种方法。

管式换热器是以管壁为换热间壁的换热设备，常见的有列管式、盘管式、套管式等。与片式换热器比较，管式换热器的管道比较结实，没有密封垫圈，但是单位体积液体的加热面积比较小，因此加热介质与进入的液体之间的温差比较大。为了防止堵塞和增加热交换，必须提高液体流速。不过，管式换热器可以获得比较高的加热温度，比较适合于间接UHT处理。

复习思考题

1. 原料乳的验收应注意哪些方面的问题？
2. 简述乳的各种热处理的方法及特点。
3. 均质对乳有什么影响？
4. 乳在加热过程中有什么样的变化？

第七章

乳制品加工

学习目标

了解各种乳制品的分类；掌握各种乳制品的加工原理、加工工艺与操作要点。

第一节　液态乳加工

液态的原料乳经过不同的热处理（巴氏杀菌或灭菌），包装后即可销售给消费者。

一、巴氏消毒乳加工

消毒乳也称杀菌鲜乳，是以新鲜牛乳为原料，经过净化、杀菌、均质、冷却、灌装后直接供给消费者饮用的商品乳，其生产工艺流程见图7-1和图7-2。

1. **原料乳的验收及预处理**　只有符合标准的原料乳才能进行生产。验收合格的原料乳要及时进行过滤、净化等预处理，除去乳中的尘埃杂质、上皮细胞等。

2. **均质**　为了节约成本，对牛乳进行脂肪分离后，只对乳的稀奶油部分均质。要求分离出的稀奶油脂肪含量应在10%～12%，均质温度为55～60℃。均质后因乳脂酶仍然存在，应立即对乳进行杀菌处理。

3. **标准化**　通常低脂乳含脂率为1.5%，常规乳含脂率为3%。将牛乳加热至55～65℃，然后按预先设定好的脂肪含量，在标准化机中进行原料乳标准化。

4. **巴氏杀菌**　巴氏杀菌保证了产品的安全性并极大提高了产品的货架期，杀菌条件为72～75℃，15～20s，这种杀菌温度和热处理可杀死所有致病菌。高强度巴氏杀菌乳的杀菌条件为85℃，15s，延长了保质期，但也会导致较强的蒸煮味出现，而且这种乳的颜色会较白一些，

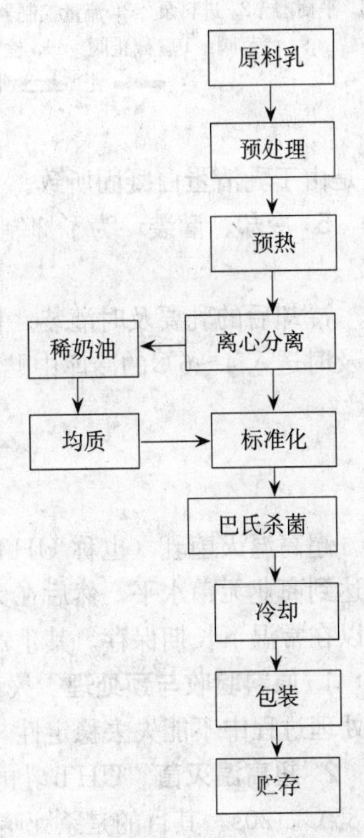

图7-1　巴氏杀菌乳加工工艺流程

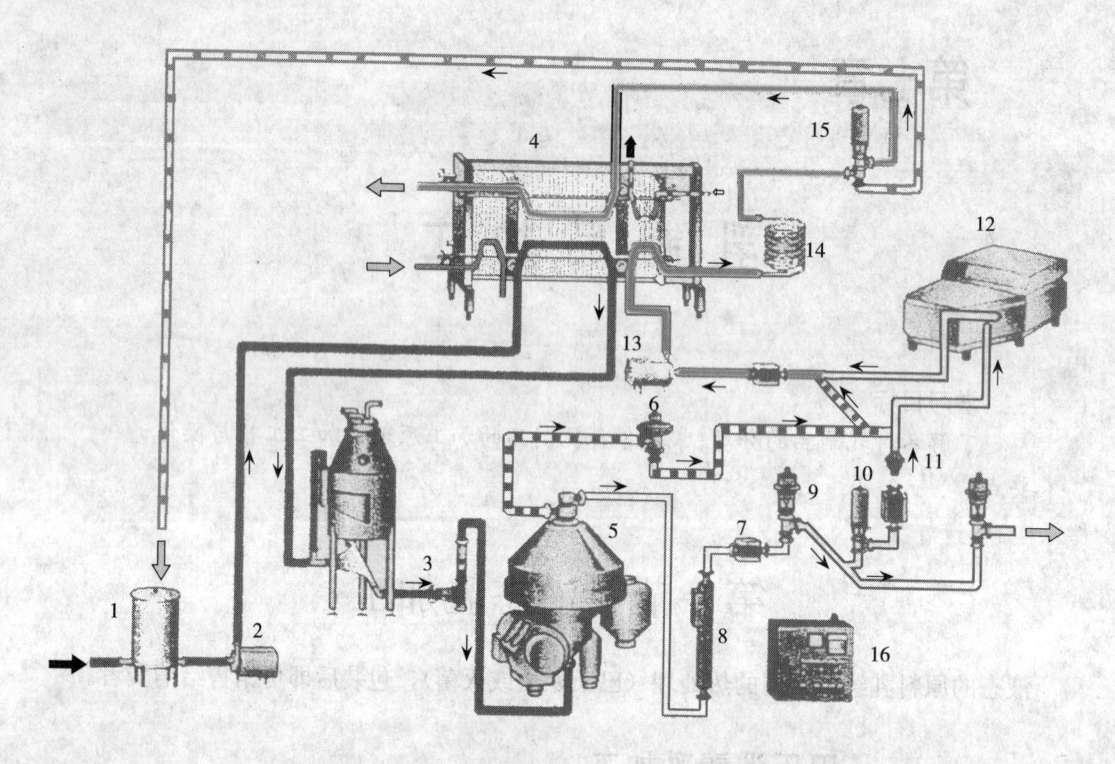

图 7-2 部分均质的巴氏杀菌乳生产流程

1. 平衡槽 2. 进料泵 3. 流量控制器 4. 板式换热器 5. 分离机 6. 稳压阀 7. 流量传感器 8. 密度传感器 9. 调节阀 10. 截止阀 11. 检查阀 12. 均质机 13. 增压泵 14. 保温管 15. 转向阀 16. 控制盘

乳 脱脂乳 加热介质 转向液流 稀奶油 标准化乳 冷却介质

这是由于乳清蛋白凝固所致。

5. 冷却、灌装 为了抑制牛乳中细菌繁殖，增加保存性，杀菌后需及时冷却至 2～5℃。

冷却后的乳要及时灌装。目前多采用复合塑料纸盒或单层塑料包装。灌装后的消毒乳要及时送入 4～6℃的冷库中贮存。

二、超高温灭菌乳加工

超高温灭菌乳（也称 UHT 灭菌乳）是指将原料乳加热到 130～150℃、保持几秒钟以达到商业无菌水平，然后在无菌状态下灌装于无菌包装容器中的产品。产品无需冷藏，可以在常温下长期保存。其生产工艺见图 7-3 和图 7-4。

1. 原料验收与预处理 灭菌乳生产的原料乳质量必须非常好，特别是乳中蛋白质在热处理过程中不能失去稳定性，可以用 72%的酒精试验来进行快速判定。

2. 超高温灭菌 UHT 乳的热处理分两段进行：第一阶段为巴氏杀菌过程，杀菌条件为 85℃，20s，其目的是杀死嗜冷菌；第二阶段为 UHT 灭菌，直接加热法是将乳喷到一定压力下的蒸汽室内或将蒸汽注入乳中，在蒸汽瞬间冷凝的同时加热牛乳到 140～150℃，

保持1～4s后，乳进入减压蒸发室，将乳中由蒸发液化而来的水分等量蒸发出去，同时乳迅速冷却，又称为闪蒸。间接加热法用管式或板式热交换器进行加热，是通过热交换器将乳加热到135～140℃，保持2～5s后，迅速冷却到20℃。

3. 均质 间接加热法UHT乳在巴氏杀菌后，乳冷却到60℃进行均质，通常采用二段均质，第一段均质压力为20MPa，第二段为5MPa。而直接加热法在闪蒸后冷却到55～60℃，再在无菌条件下进行均质，采用二段均质，第一段均质压力为40MPa，第二段为5MPa。均质后的牛乳迅速冷却至20℃。

4. 脱气 采用间接加热UHT乳时，应通过脱气的方法除去产品中的氧，否则产品氧气含量过高就会导致氧化味的产生和贮存过程中一些维生素的损失。而直接加热法乳在闪蒸冷却过程中就完成了脱气。

5. 无菌灌装 冷却后的牛乳直接进入无菌灌装机，该过程包括包装材料或容器的灭菌，在无菌环境下灌入商业无菌产品，并形成足够紧密防止再污染的包装容器。无菌灌装系统是生产UHT产品所不可缺少的。要达到灭菌乳在包装过程中不再污染细菌，则灌装乳管路、包装材料及周围空气都必须灭菌。包装材料为平展纸卷（或纸筒），

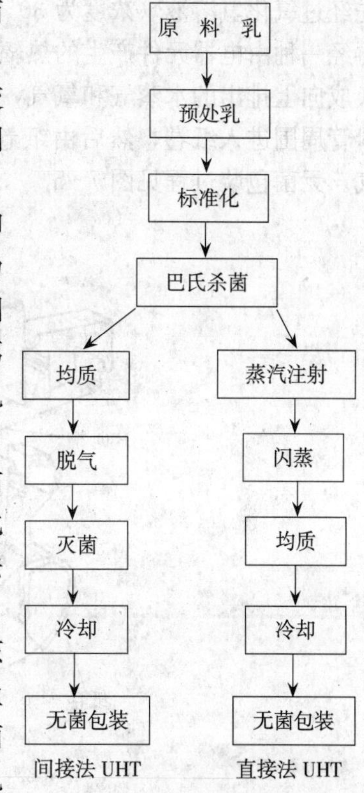

图7-3 灭菌乳加工工艺流程

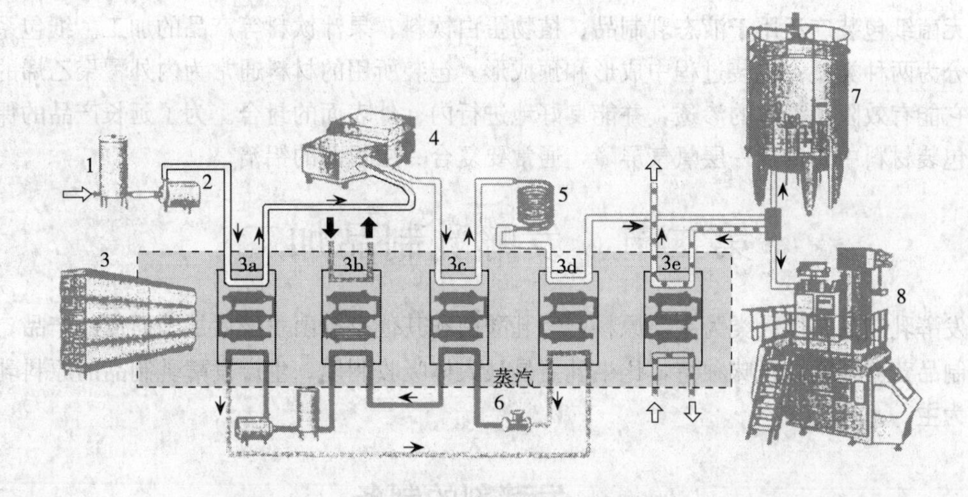

图7-4 以管式热交换器为基础的间接UHT系统

1. 平衡槽 2. 供料泵 3. 管式热交换器（3a. 预热段，3b. 中间冷却段，3c. 加热段，3d. 热回收冷却段，3e. 启动冷却段） 4. 非无菌均质机 5. 保持管 6. 蒸汽喷射类 7. 无菌缸 8. 无菌灌装

牛乳 冷却水 热水 转向液流

先经过氧化氢溶液（浓度为30%左右）槽，达到化学灭菌的目的。当包装纸形成纸筒后，再经一种由电器元件产生的热辐射，即可达到灭菌的目的。同时这一过程可将过氧化氢转换成向上排出的水蒸气和氧气，使包装材料完全干燥。消毒空气系统采用压缩空气，从注料管周围进入纸卷，然后由纸卷内周向上排出，同时受电器元件加热，带走水蒸气和氧气。无菌包装过程见图7-5。

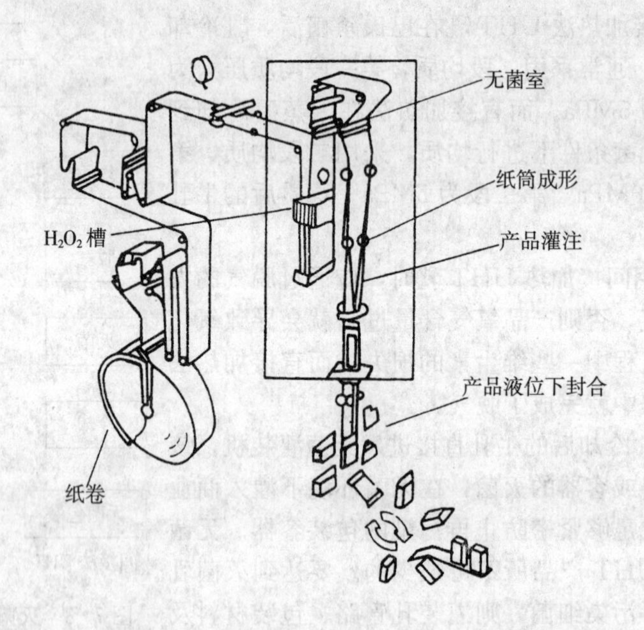

图7-5　典型的封闭式无菌包装系统的结构（利乐公司提供）

无菌纸包装广泛用于液态乳制品、植物蛋白饮料、果汁饮料等产品的加工。纸包系统主要分为两种类型：包装过程中成形和预成形。包装所用的材料通常为内外覆聚乙烯的纸板，它能有效阻挡液体的渗透，并能良好地进行内、外表面的封合。为了延长产品的保持期，包装材料中要增加一层氧气屏障，通常要复合一层很薄的铝箔。

第二节　发酵乳制品加工

发酵乳制品是以乳类为主要原料，经乳酸菌和其他有益菌发酵后加工而成的产品。发酵乳制品营养全面，风味独特，比牛乳更易被人体吸收利用。生产发酵乳制品的原料乳以牛乳为主。

一、发酵剂的制备

（一）发酵剂的种类

用于乳酸菌发酵的发酵剂一般有四种类型：乳酸菌纯培养物、母发酵剂、中间发酵剂和生产发酵剂。

1. **商品发酵剂** 指从微生物研究单位购入的纯菌种或纯培养物。

2. **母发酵剂** 指生产中用纯培养菌种制备的发酵剂。要每天制备，它是乳品厂各种发酵剂的起源。

3. **生产发酵剂** 直接用于生产的发酵剂。

（二）发酵剂的制备

发酵剂的制备见图7-6。

1. **菌种的复活及保存** 从微生物研究单位购入的菌种通常装在小试管或安瓿中，需要进行反复接种恢复活力。粉剂菌种在无菌操作条件下接种到灭菌脱脂乳培养基中多次传代、培养，保存在0～4℃的冰箱中，每隔1～2周移植一次。

2. **母发酵剂的调制** 将充分活化的菌种接种于盛有灭菌脱脂乳的三角瓶中，混匀后，放入温箱中进行培养。凝固后再移植入灭菌脱脂乳中，如此反复接种2～3次，使乳酸菌保持一定活力。制备好的母发酵剂可存于0～6℃冰箱中保存。

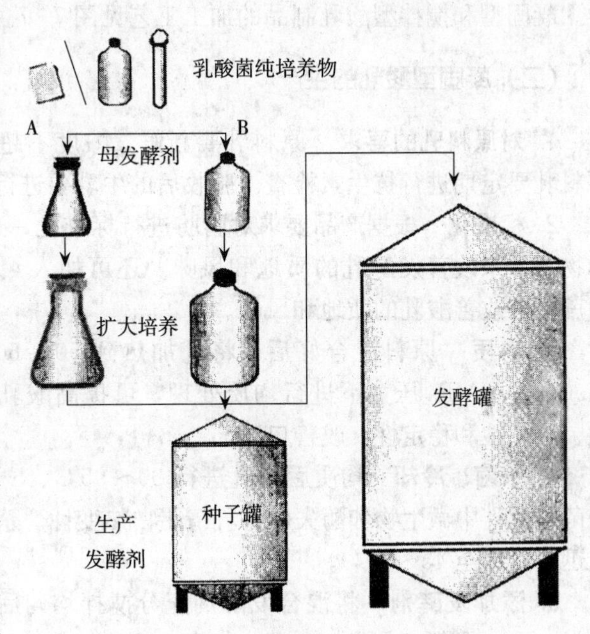

图7-6 发酵剂制备和使用流程图

3. **生产发酵剂的调制** 调制工作发酵剂时，为了使菌种的生活环境不致急剧改变，所用的培养基最好与成品的原料相同。在调制时，取生产原料的5%装入小型发酵罐中，以90～95℃、10～15min杀菌，然后冷却到发酵温度，再添加培养基量的3%～5%母发酵剂，充分搅拌混合均匀，然后在所需温度下进行保温，达到所需酸度后，即可降温冷藏备用。

（三）发酵剂的质量控制

1. **感官检查** 对于液态发酵剂，首先应检查其组织状态、色泽及有无乳清分离等，再检查凝乳的硬度，然后品尝酸味与风味，观察其是否有异味。

2. **活力检查** 发酵剂的活力可用乳酸菌在规定时间内产酸或色素还原状况来进行判断。

(1) *酸度测定*。在10ml灭菌脱脂乳中加入3%的待测发酵剂，置于37.8℃下培养3.5h，然后测定乳酸度，如滴定酸度达0.8%以上，表明发酵剂活力良好。

(2) *刃天青试验*。在9ml灭菌脱脂乳中加入待测发酵剂和0.005%刃天青溶液各1ml，在36.7℃下培养35min以上，如完全褪色，表示活力良好。

3. **污染程度检查** 检查纯度可用催化酶试验，乳酸菌菌种催化酶实验应呈阴性反应，若呈阳性反应是污染所致；检查大肠菌群试验判断粪便污染情况；检查是否污染酵母、霉菌；检查噬菌体污染情况。

二、酸乳加工

(一) 酸乳生产的主要工艺流程

酸乳制品的种类由于所用原料和发酵剂种类不同，名目繁多，但其生产方法大同小异。凝固型和搅拌型酸乳制品的加工工艺见图 7-7。

(二) 凝固型酸乳的生产

1. **对原料乳的要求**　原料乳要新鲜，酸度不超过 18°T，无脂干物质在 8.5%以上。原料乳要定期进行抗生素检查。验收后的牛乳要进行过滤、净化等预处理。

2. **标准化**　根据产品要求对脂肪进行标准化，还可以通过添加乳粉来提高乳的总固形物水平来改善发酵乳的质地和风味。还可加入 4%～8%的蔗糖来改善酸乳的质地和风味。

3. **均质**　原料混合好后，将乳加热到 50～60℃，在 15.0～20.0MPa 压力下进行均质处理，可提高酸乳的黏稠性、均一性和稳定性，改善口感。

4. **杀菌、冷却**　均质后的乳进行 90～95℃、5～10min 杀菌，使乳中微生物和酶失活，乳清蛋白热变性。杀菌后将乳迅速冷却至 45～50℃。

5. **添加发酵剂**　将混合发酵剂充分搅拌均匀后，按混合料 1%～3%数量加入。

混合发酵剂菌种为保加利亚乳杆菌：嗜热链球菌＝1：1。两菌种具有良好的共生作用，在乳中，保加利亚乳杆菌分解乳蛋白产生甘氨酸和组氨酸等物质，促进了嗜热链球菌的生长；同时嗜热链球菌在生长过程中产生甲酸类化合物，又促进了保加利亚乳杆菌的生长。当酸度达到一定程度，嗜热链球菌不再生长。

6. **灌装发酵**　容器要经蒸汽灭菌后才能灌装，然后移入发酵室在 42～45℃下保温3～4h。在发酵过程中发酵剂分解乳糖产生乳酸，使乳的 pH 下降到酪蛋白的等电点 4.6 左右时，酪蛋白凝固，酸乳形成凝胶。在 pH 为 4.1～4.6 时，酸乳具有良好的组织结构。乳成为凝胶状时即可终止发酵。

灌装容器可选择塑料袋、塑料杯、玻璃瓶、纸盒等。

7. **冷藏**　发酵结束后的酸乳，应立即移入 0～5℃的冷库中放置 12～24h，在酸乳降温过程中，仍有个继续发酵的

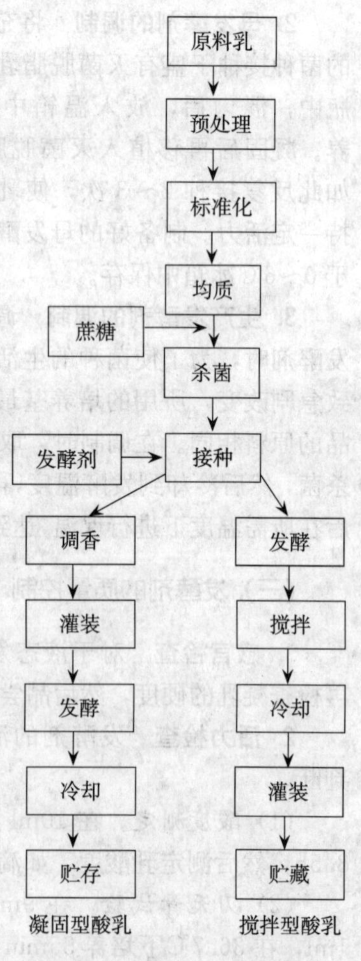

图 7-7　酸乳加工工艺流程

过程，这个阶段以产生芳香为主，是保加利亚乳杆菌代谢产生乙醛和丁二酮等风味物质的过程。一般最长冷藏期为7～14d。

凝固型酸乳的生产线如图7-8所示。

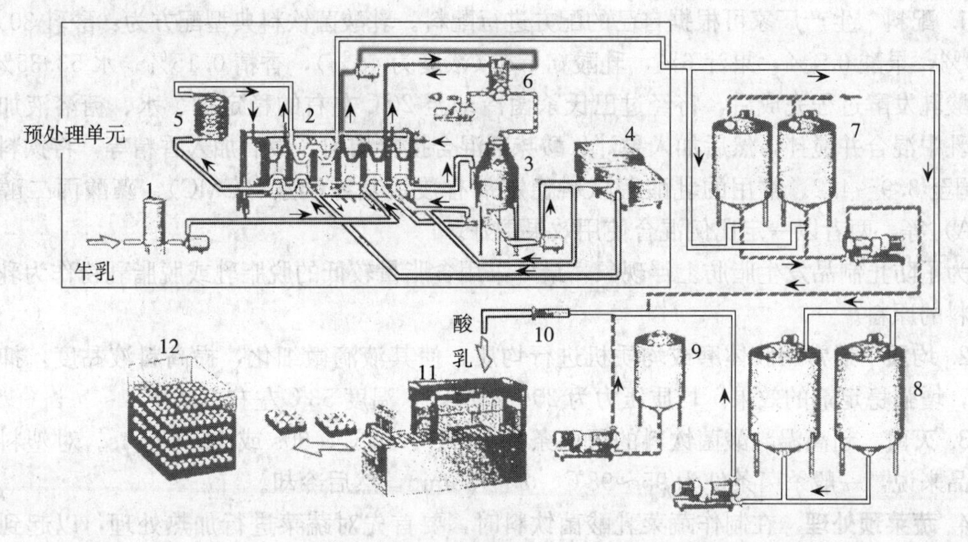

图7-8　凝固型酸乳的生产线

热介质　发酵剂　冷介质　蒸汽　果料/香料

1. 平衡罐　2. 板式热交换器　3. 真空浓缩罐　4. 均质机　5. 保温管　6. 板式热交换器　7. 生产发酵剂罐　8. 平衡罐　9. 果料罐　10. 过滤器　11. 灌装机　12. 发酵室

（三）搅拌型酸乳的生产

搅拌型酸乳的加工工艺及技术要求与凝固型酸乳基本相同，其不同点主要是搅拌型酸乳多了一道搅拌混合工艺。

1. **发酵**　搅拌型酸乳的发酵是在大发酵罐中进行的，在发酵期间要注意观察发酵罐上的pH计和温度计，罐内上、下部温差不要超过1.5℃。

2. **冷却破乳**　终止发酵后应降温搅拌破乳，冷却过程要稳定，过快易造成凝块收缩迅速，出现乳清分离，但过慢又会造成酸度升高。通常发酵后的凝乳先冷却到15～20℃，然后混入香味剂或果料后灌装，再冷却至10℃以下。

3. **果料混合、调香**　可在罐中将酸乳与杀菌处理后的果料混均，也可用计量泵将杀菌后的果料连续泵入酸乳中。

4. **包装**　混合均匀的酸乳直接流入灌装机进行灌装。

三、乳酸菌饮料加工

乳酸菌饮料又被称为酸乳饮料，通常以牛乳或乳粉、植物蛋白乳（粉）、果菜汁或糖类为原料，添加或不添加食品添加剂与辅料，经杀菌冷却接种乳酸菌发酵剂培养发酵，然后经稀释而成的非杀菌型或杀菌型的饮料。

沉淀是乳酸菌饮料最常见的质量问题，乳饮料在加入果汁时，若酸浓度过大，加酸时混合液温度过高或加酸速度过快及搅拌不匀等均会引起局部过度酸化而发生分层、沉淀。通常采用均质和添加稳定剂来解决。

1. **配料**　生产厂家可根据自己的配方进行配料。乳酸菌饮料典型配方为：酸乳30%，糖10%，果酸0.4%，果汁6%，乳酸0.1%（浓度为45%），香精0.15%，水53.35%。

酸乳发酵过程完成后，将经过巴氏杀菌冷却至20℃左右的稳定剂、水、糖溶液加入发酵乳中混合并搅拌，然后加入果汁、酸味剂混合搅拌均匀，最后加入香精等，将饮料的pH调至3.9～4.2。常用的乳酸菌饮料稳定剂有羧甲基纤维素（CMC）、藻酸丙二醇酯（PGA）等，两者以一定比例混合使用效果更好。

为了防止制品发生脂肪上浮现象，最好采用含脂量较低的脱脂乳或脱脂乳粉作为乳酸菌饮料的原料。

2. **均质**　通常用胶体磨或均质机进行均质，使其液滴微细化，提高料液黏度，抑制沉淀，增强稳定剂的效果。均质压力为20～25MPa，温度53℃左右。

3. **灭菌**　超高温乳酸菌饮料的灭菌条件为95～105℃、30s或110℃、4s。对塑料包装产品来说，一般杀菌条件为95～98℃、20～30min，然后冷却。

4. **蔬菜预处理**　在制作蔬菜乳酸菌饮料时，要首先对蔬菜进行加热处理，以起到灭酶的作用。通常在沸水中处理6～8min，经灭酶后打浆取汁，再与杀菌后原料乳混合。

在果蔬汁中添加一定量的抗氧化剂，如维生素E、维生素C、儿茶酚、EDTA等，会对果蔬饮料的色泽有良好的保护作用。

第三节　乳粉加工

用冷冻或加热的方法，除去乳中水分干燥而成的粉末，通称为乳粉。生产乳粉的目的是为了保存鲜乳的品质与营养成分，增加保存性，减轻质量，便于运输。由于降低了乳粉中的水分，使乳粉中微生物细胞和周围环境的渗透压增大，乳粉中存在的微生物不仅不能繁殖，而且还会死亡。乳粉的特点是保存了所有乳的营养成分，冲调容易，老幼适宜。

一、普通乳粉加工

根据乳粉加工方法和原料处理的不同，乳粉可分为：全脂乳粉、脱脂乳粉、乳油粉、酪乳粉、乳精粉等。其加工工艺流程见图7-9。

1. **原料乳验收**　生产乳粉要求质量高的原料乳。为了减少原料乳的微生物数量，可采用离心除菌或微滤除去乳中的菌体细胞和芽孢。

2. **标准化**　由于成品中脂肪含量要求为25%～30%，一般脂肪与总固形物之比控制在1∶2.67可达到最终成品中脂肪的含量。脱脂乳粉不进行标准化。

3. **预热**　乳浓缩前进行预热，不仅有助于乳中微生物数量的控制，而且还有利于乳粉功能特性的控制。生产脱脂乳粉的原料乳热处理分为低热（75℃，15s）、中热（75℃，1～3min）和高热（80℃，30min或120℃，1min）。生产全脂乳粉的原料乳预热温度一般

为80～85℃几分钟，以保证钝化乳中内源性脂酶，使乳清蛋白中抗氧化的-SH暴露。

4. **浓缩** 原料乳在喷雾干燥前经过真空浓缩，可节省干燥时加热蒸汽量和动力消耗。这种浓缩后的乳，喷雾时形成的粉粒较大，具有较好的分散性和冲调性；由于排除了溶解在乳中的空气和氧气，乳粉颗粒中的气泡减少，降低了乳粉中的脂肪的氧化作用，增强了乳粉的保藏性；经真空浓缩后喷雾干燥的乳粉，颗粒致密、坚实、相对密度较大，有利于包装。原料乳浓缩的程度因设备条件、原料乳性状以及成品的要求不同而异。一般要求浓缩到乳干物质含量为42%～50%，脱脂乳浓缩到乳干物质含量为42%～48%。

真空浓缩一般采用多效薄膜蒸发器，前一效的蒸汽可作为下一效的加热介质，能最大限度地利用热能。浓缩设备上都安装有折射计或黏度计，以确定浓缩终点。若浓缩后乳温在47～50℃时，全脂乳浓缩至11.5～13波美度，脱脂乳浓缩到20～22波美度，全脂加糖乳浓缩至15～20波美度。

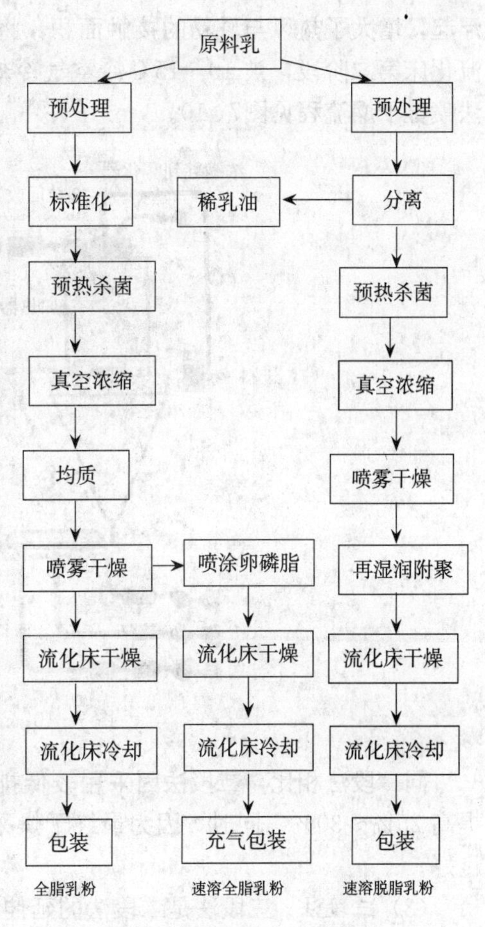

图7-9 乳粉加工工艺流程

5. **均质** 浓缩后的浓乳要进行均质，均质温度为60～70℃，二段均质压强分别为15MPa和5MPa。脱脂乳粉不必进行均质。

6. **干燥** 在喷雾干燥过程中，通过乳泵将浓乳送到干燥室顶部的雾化器雾化为细小的液滴，与经过过滤加热的热空气接触后，水分被迅速蒸发，液滴被干燥成乳粉，大部分乳粉从干燥塔底部排出，少部分夹带在排风中一起进入旋风分离器和布袋过滤器而被回收。

根据浓乳的雾化方式可分为压力喷雾干燥和离心喷雾干燥。压力喷雾干燥的雾化是通过高压泵和安装在干燥塔内部的喷嘴来完成的；离心喷雾干燥的雾化是通过一个高速旋转的离心盘来完成的。乳粉喷雾干燥的方法可分为一段、二段、三段三种方法。

（1）一段法。乳粉的干燥过程仅经过一次就可以完成，整个干燥过程都是在干燥塔中进行的。从干燥塔中排出的乳粉水分含量为2%～4%，进风温度150～160℃排风温度为95℃左右。此法生产的乳粉溶解度较差。

（2）二段法。二段法就是乳粉的整个干燥过程分为两个阶段进行：第一个阶段在干燥室内进行，第二个阶段在振动流化床中进行。首先采用喷雾干燥，使物料水分下降至5%～8%，可使排风温度降15℃。接着物料进入喷雾干燥机底部出料口附近的流化床干燥机内，流化床的第一阶段为干燥阶段，100～120℃，热空气自流化床下方通入将乳粉悬浮起，增大了热风与乳粉的接触面积，将乳粉干燥到水分含量下降至3.5%～4%。进入流化床第二阶段，被10～15℃冷空气冷却，废气由旋风分离器排出，细粉被回收。二段法喷雾干燥流程见图7-10。

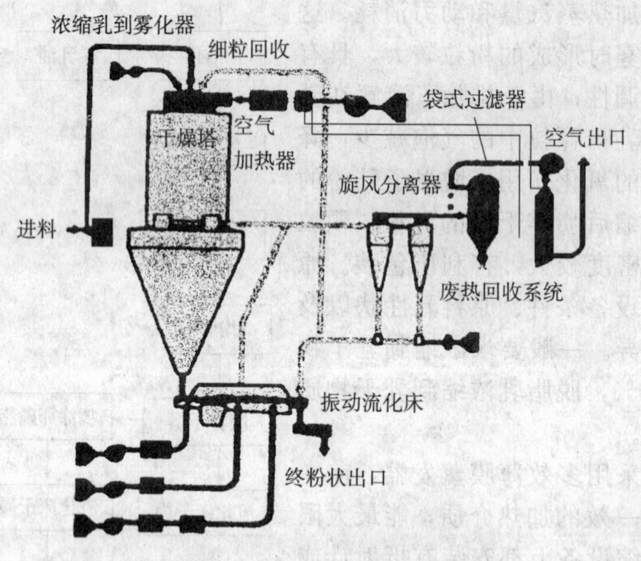

图7-10　二段法喷雾干燥流程

同一段法相比，二段法因采用较低排风温度，节能15%～20%，干燥系统生产能力提高25%～30%。同时，因为最终干燥采用了较低温度，乳粉颗粒大，质量好，溶解性良好。

(3) 三段法。三段法是二段法的延伸，与一段法相比，节能30%左右，产品质量高。三段法干燥所需要的进风量在三种干燥法中也是最少的，所以又可以降低布袋过滤器的成本。三段法喷雾干燥工艺流程见图7-11。

乳滴在干燥室内经第一段干燥后，水分含量在12%～20%，直接落入内置流化床进行第二级干燥，水分含量降低到8%～10%，可使排风温度降低25℃。最后用振动流化床进行第三级干燥和冷却。

7. 乳粉的速溶化　一般一级干燥生产的乳粉颗粒没有经过附聚工艺，没有速溶性。为了生产能够在冷水中分散，成为还原性较好的速溶乳粉，需采取速溶化工艺。

(1) 脱脂乳粉的速溶化。可以通过附聚工艺生产速溶脱脂乳粉。脱脂乳粉的附聚主要是通过从干燥室出来的水分含量在8%～10%的乳粉颗粒在流化床进行附聚，旋风分离器分离出的细粉返回到雾化区；也可通过再湿润并在流化床附聚。再湿润附聚是一定湿度的空气自流化床底部通入，乳粉颗粒被湿润，颗粒之间产生附聚而形成大颗粒，在流化床不断的振动下，附聚后的乳粉颗粒进入流化床的第二段，干燥的热空气自流化底部通入，使乳粉干燥成产品所需水分含量，随后乳粉进入第三段被冷空气冷却。再湿润附聚工艺见图7-12。

(2) 全脂乳粉的速溶化。由于全脂乳粉含25%以上的脂肪，在水中不易润湿下降，而使乳粉可湿性差。为克服脂肪的疏水性，全脂速溶乳粉的生产一般采用附聚-喷涂卵磷

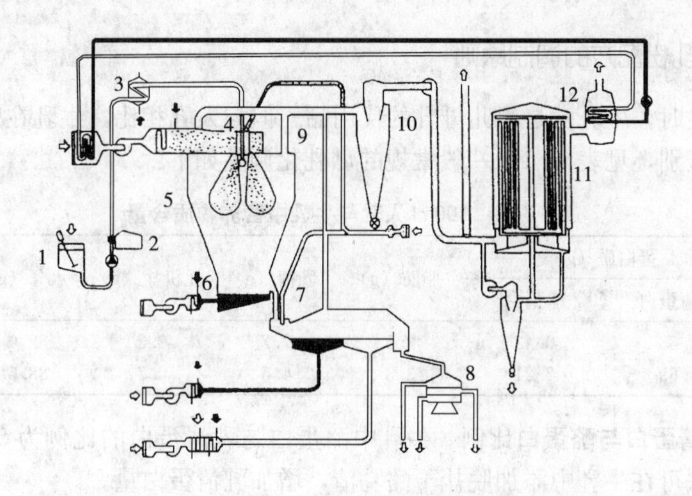

图 7-11　三段法喷雾干燥流程

1. 进料缸　2. 高压泵　3. 浓缩乳预热器　4. 雾化器　5. 喷雾干燥室　6. 内置式流化床　7. 外置式流化床　8. 筛选设备　9. 空气出口　10. 旋风分离器　11. 布袋过滤器　12. 热交换器

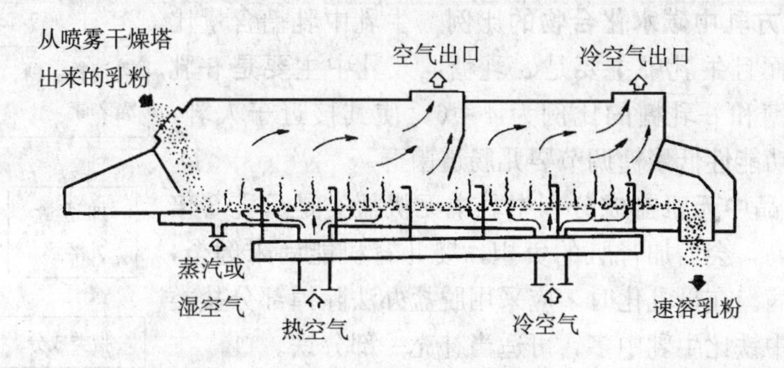

图 7-12　再湿润附聚工艺图

脂的工艺，使产品达到速溶的要求。

全脂乳粉的附聚过程与脱脂乳粉一样，卵磷脂的喷涂是在振动流化床入口处进行，喷涂量一般为 0.2%左右。为使卵磷脂喷涂完全，需将混合物升高到 50℃并保持 5min。

8. **包装**　由于全脂乳粉含有 26%左右的脂肪，易受光、氧的作用而变化，另外，乳粉颗粒的多孔性，使乳粉表面积增大而具有较强的吸湿性，故包装室室温一般控制在18～20℃，空气相对湿度在 75%。乳粉的包装形式有塑料袋、塑料复合纸袋、塑料铝箔复合袋和马口铁罐等。速溶乳粉应采用充氮包装，罐内含氧量不超过 2%。

二、婴儿配方乳粉加工

婴儿配方乳粉是以牛乳（或羊乳）为主要原料，通过调整成分模拟母乳，以适合婴儿的营养需要的配方食品。根据适用于不同阶段的婴儿，可大致分为：0～6 个月婴儿乳粉、6～36 个月较大婴儿乳粉和幼儿成长乳粉。

(一)婴儿乳粉配方的调制原则

在母乳不足时，牛乳常是婴儿母乳的代用品。但与人乳相比，牛乳在感官、组成上都存在着较大的区别，见表7-1。一般常规的母乳化调整如下：

表7-1　100ml人乳与牛乳中营养物质含量

乳的成分	蛋白质（g）		脂肪（g）	乳糖（g）	无机盐（g）	水分（g）	热量（kJ）
	乳清蛋白	酪蛋白					
人乳	0.68	0.42	3.5	7.2	0.2	88.0	274
牛乳	0.69	2.21	3.3	4.5	0.7	88.6	226

1. 调整乳清蛋白与酪蛋白比例　牛乳中酪蛋白与乳清蛋白的比例为5∶1，而人乳为6∶4。调整方法可在牛乳中添加脱盐干酪乳清，增加乳清蛋白量。

2. 调整牛乳中不饱和脂肪酸和饱和脂肪酸的构成比例　与人乳相比，牛乳脂肪中必需脂肪酸含量较低，以亚油酸为例，在人乳中为3.5%～5.0%，在牛乳中为1%。可通过强化亚油酸、改善乳脂肪结构、改善脂肪分子的排列等措施来提高乳脂肪的吸收率。

3. 调整配方乳中碳水化合物的比例　牛乳中乳糖含量比人乳少得多，而且牛乳中主要是α-乳糖，人乳中主要是β-乳糖。调整α-乳糖和β-乳糖的比例为4∶6，使其接近于人乳，还可添加一些功能性低聚糖调节婴儿肠道菌群。

4. 减少制品中无机盐成分　牛乳中无机盐类是母乳3倍多。盐类含量高，会增加肾脏的负担，婴儿肾机能尚未健全，易患高电解质病。在母乳化时，应采用脱盐办法除掉部分盐类成分。但人乳中铁比牛乳中多，可适当补充一部分铁。

5. 添加微量营养成分　婴儿调制乳粉应充分强化维生素，特别是叶酸和维生素C，它们对芳香族氨基酸的代谢起辅酶作用。一般添加维生素A、维生素B_1、维生素B_6、维生素B_{12}、维生素C、维生素D及叶酸等。维生素A和维生素D长时间过量摄入会引起中毒，因此须按规定量加入。

(二)婴儿配方乳粉的生产工艺

婴儿配方乳粉的生产工艺流程见图7-13。

(1) 原料乳的预处理同全脂乳粉，其他原料质量要符合国家规定的标准。

(2) 用10℃左右经过预处理的原料乳在高速搅拌缸内溶解乳清粉、糖、水溶性维生素和微量元素等配料。

(3) 混合后的原料预热到55℃，在线加入脂肪部分，然后进行均质，均质压力为15～20MPa。

(4) 混合料的杀菌条件为85℃、16s，冷却到55～60℃备

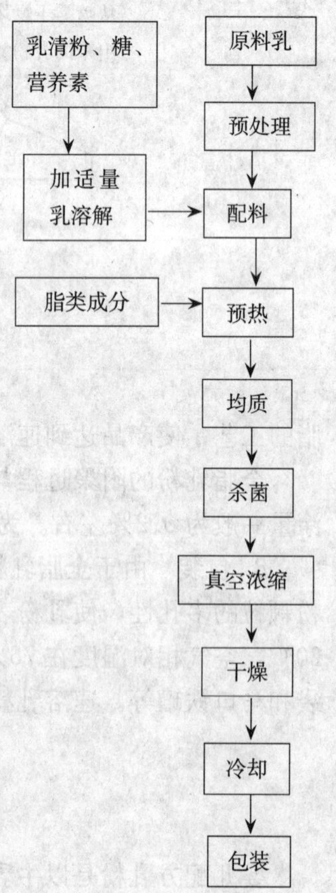

图7-13　婴儿配方乳粉加工工艺流程

用。

(5) 浓缩工艺同乳粉，混合料浓缩至18波美度。

(6) 采用二段或三段干燥法，同乳粉工艺。

第四节　炼乳制品加工

炼乳是一种浓缩乳制品。它是将鲜牛奶经杀菌后，蒸发除去其中大部分水分而制成的产品。炼乳的种类很多，按成品是否加糖可分为糖炼乳和不加糖炼乳。目前我国炼乳的主要品种有甜炼乳和淡炼乳。

一、甜炼乳加工

甜炼乳即在牛奶中加入16%的蔗糖，并浓缩至原体积的40%左右的一种乳制品，成品蔗糖的含量为40%～50%。甜炼乳加工工艺见图7-14和图7-15。

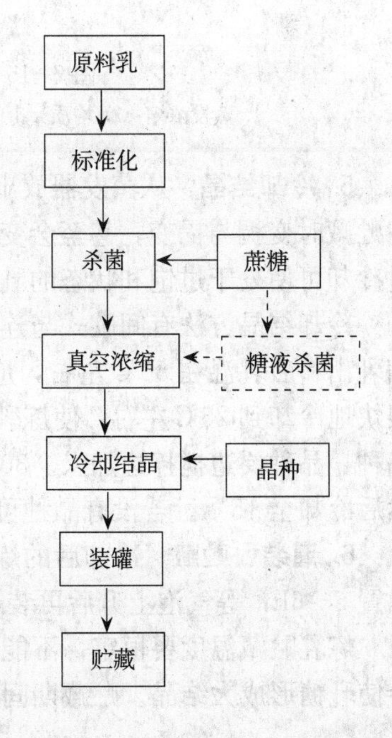

图7-14　甜炼乳加工工艺流程

1. 原料乳预处理　原料乳经过验收、称量、净化、冷却、贮乳、标准化等预处理工序。

2. 预热杀菌　采用管式或片式热交换器75～80℃、10～15min，或110～120℃、5～9s杀菌。控制适宜的预热温度，可防止变稠和脂肪上浮。

3. 加糖　甜炼乳的保藏性主要是利用糖产生的高渗透压来抑制微生物的繁殖。

为保证产品质量，所选用砂糖应松散、洁白而有光泽，无异味，蔗糖含量应高于99.6%，还原糖含量小于0.1%。

一般加糖量为原料乳的15%～16%，浓缩后成品中的蔗糖含量在43%～45%的范围，使甜炼乳中的蔗糖比达到62.5%～64.5%，从而达到良好的抑菌效果。若加过量的蔗糖，则成品在贮存期间易出现蔗糖结晶沉淀。

$$\text{蔗糖比}=\frac{\text{蔗糖}}{\text{蔗糖}+\text{水分}}\times 100\%\text{或蔗糖比}=\frac{\text{蔗糖}}{100-\text{乳固体}}\times 100\%$$

可将蔗糖直接加入原料乳中进行预热杀菌，也可先将蔗糖配成65%的溶液，经过滤、杀菌、冷却至65℃左右，在浓缩即将结束时，吸入真空浓缩缸。这种方法既可保证糖浆充分杀菌和过滤去杂，又可使成品保持良好的流动性，减缓变稠倾向。

4. 浓缩　甜炼乳生产中采用真空浓缩，温度是49～59℃，这既有利于保存乳原有的风味、色泽，又能阻止热敏性物质变质及炼乳变稠。通常乳温在48℃左右时，浓缩到31.71～32.56波美度即可。

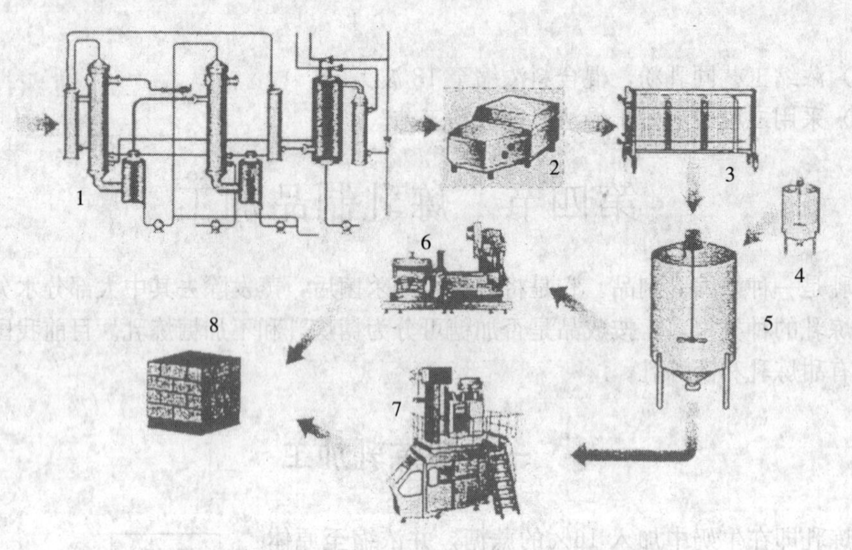

图 7-15 两种包装形式的甜炼乳生产工艺流程

1. 蒸发浓缩 2. 均质 3. 冷却 4. 糖浆罐 5. 结晶罐 6. 灌装 7. 纸包装 8. 贮存

5. **冷却结晶** 从蒸发器放出的浓缩乳温度在 50℃左右，若不及时冷却，会加剧产品在贮藏时变稠与褐变，甚至会变成凝胶状，所以应迅速冷却至常温或更低的温度。同时通过冷却可使处于过饱和状态的乳糖形成细微结晶，保证炼乳具有细腻的感官品质。

冷却结晶方法有间歇式与连续式两类。一般间歇式冷却结晶采用蛇管冷却结晶器。浓缩乳出料后乳温在 50℃左右，应迅速地放入带有冷却和搅拌装置的专用炼乳结晶缸中，很快地冷却到 26℃左右，使炼乳中的乳糖达到过饱和状态，此时投入 0.04%左右的乳糖晶种，晶种要边搅拌边加入。30min 左右炼乳中的乳糖被诱导形成许多细微的结晶析出，然后冷却至 15℃。若没有晶种可用 1%成品炼乳代替。

6. **灌装、贮藏** 冷却后的炼乳中含有大量气泡，直接罐装会影响炼乳质量，一般需静置 5～6h，等气泡上升后再装罐或采用真空封罐。

炼乳贮藏温度要恒定，不能高于 15℃，空气湿度不高于 80%。若贮藏温度波动太大，会使乳糖形成大结晶。贮藏期间每月应进行 1～2 次翻罐，以防止乳糖发生沉淀。

二、淡炼乳加工

淡炼乳是将牛乳浓缩到 1/2～1/2.5 后装罐密封，然后再进行灭菌的一种炼乳。其生产过程大致与甜炼乳相同，见图 7-16。

1. **原料乳验收及预处理** 淡炼乳在生产中需经过高温灭菌，故原料乳的选择要用 72%的酒精检验，并做磷酸盐热稳定性试验。磷酸盐试验的具体方法为：取 10ml 牛乳放入试管中，加入 1mol/L KH_2PO_4 1ml，而后放在沸水中浴 5min，取出冷却，观察有无沉淀。若有沉淀产生，说明乳的稳定性不好，不能作为加工淡炼乳的原料。

2. **预热** 淡炼乳一般采用 95～100℃，10～15min 或 120℃，5s 预热杀菌，可提高乳的热稳定性。

在淡炼乳中添加稳定剂磷酸三钠或海藻酸丙二醇酯，可防止乳脂与水相的分离，炼乳在贮藏过程中磷酸盐与钙镁的结合，可使蛋白质变性和增溶，防止凝胶的形成。最大使用量为：磷酸三钠0.5g/kg，海藻酸丙二醇酯5g/kg。稳定剂的用量最好根据浓缩后的小样试验来决定，使用过量，产品风味不好且易褐变。

3. **浓缩**　当浓缩乳温度为48℃左右时，浓缩到7.1～8.37波美度即可。

4. **均质**　淡炼乳在长时间放置后会发生脂肪上浮现象，所以要进行均质。在炼乳生产中一般采用二段均质，第一段均质压力为15～25MPa，第二段为5～10MPa，均质温度为50～60℃。

5. **冷却**　均质后的炼乳需冷却到10℃以下，次日装罐应冷却至4℃以下。

6. **再标准化**　一般淡炼乳生产中浓度难以正确掌握，通常是浓缩到比标准略高的浓度，然后加蒸馏水进行调整，称为再标准化，也叫加水操作。

7. **小样试验**　为防止不能预计的变化造成大量损失，灭菌前先按不同剂量添加稳定剂，试封几罐进行灭菌，再开罐检查确定添加稳定剂的数量、灭菌条件。

8. **装罐、灭菌**　按小样试验结果添加稳定剂后立即进行装罐、灭菌。

灭菌方法分为间歇式（分批式）灭菌法和连续式灭菌法两种。间歇式灭菌适用于小规模生产，可用回转灭菌机进行。连续灭菌机可在2min内加热到125～138℃，并保持1～3min，然后急速冷却，全部过程只需6～7min。连续式灭菌法灭菌时间短，操作可实现自动化，适用于大规模生产。

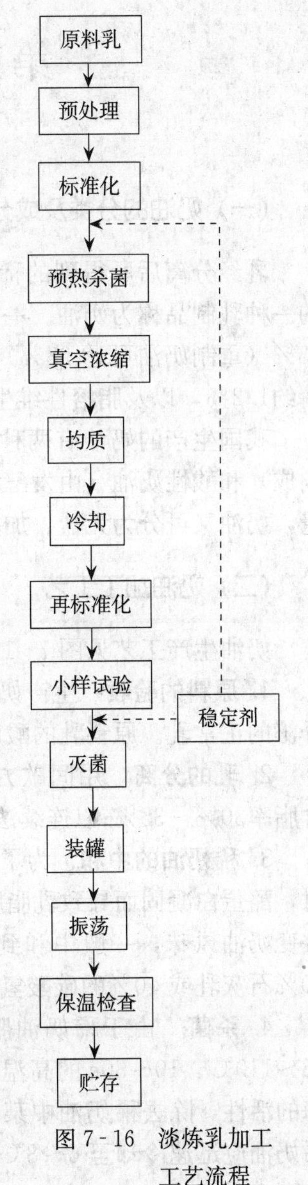

图7-16　淡炼乳加工工艺流程

9. **振荡**　如果灭菌操作不当，或使用了稳定性较低的原料乳，则淡炼乳中常有软凝块出现，通过振荡，可使软凝块分散复原成均一的流体。振荡使用水平式振荡机进行，往复冲程为6.5cm，300～400次/min，通常在室温下振荡15～60s。

10. **保温检验**　淡炼乳在出厂前，一般还要经过保温试验，即将成品在25～30℃下保藏3～4周，观察有无胀罐现象，必要时可抽取一定比例样品，于37℃下保藏7～10d，加以检验。合格的产品即可擦净，贴标签装箱出厂。

第五节 其他乳制品加工

一、奶油制品加工

(一) 奶油的分类及成分

乳经分离后所得到的稀奶油经成熟、搅拌、压炼而制成的一种乳制品称为奶油。一般奶油的主要成分为脂肪 80%～83%（重制奶油可达 98%）、水分 16%～17%、蛋白质、钙和磷约1.2%，以及脂溶性维生素。加盐奶油含食盐约 2.5%。

我国生产的奶油有两种：甜性奶油（由未发酵的稀奶油制成）和酸性奶油（由发酵稀奶油制成）。此外，按照食盐含量，奶油又可分为无盐、加盐奶油。

(二) 奶油加工工艺

奶油生产工艺见图 7-17 和图 7-18。

1. 原料的验收 生产奶油所用的原料必须是健康牛乳所分泌的正常乳。原料乳的酸度应低于 22°T。

2. 乳的分离 用间歇方法生产奶油的稀奶油，一般要求含脂率30%～35%；以连续法生产时，稀奶油含脂率40～45%。

3. 稀奶油的中和 为了防止酸度高的稀奶油在加热杀菌时，酪蛋白凝固而导致乳脂肪从酪乳中排出，防止奶油变质，改变奶油风味，一般中和到酸度为 20～22°T。中和剂可用20%石灰乳或 10%的碳酸氢三钠。

4. 杀菌 由于稀奶油脂肪中脂肪导热性低，一般采用 85～110℃、10～30s 的高温杀菌。目的是消灭微生物，破坏酶的活性，除去稀奶油中某些不良的挥发性物质。杀菌后的稀奶油应迅速冷却至 6～8℃为宜。若生产酸性稀奶油，则冷却到 20℃左右。

5. 稀奶油的发酵 在冷却后的稀奶油中添加 5%的生产发酵剂，搅拌均匀，在 18～20℃发酵，每隔 1h 搅拌 5min，控制奶油酸度达到表 7-2 中规定程度，即可停止发酵。

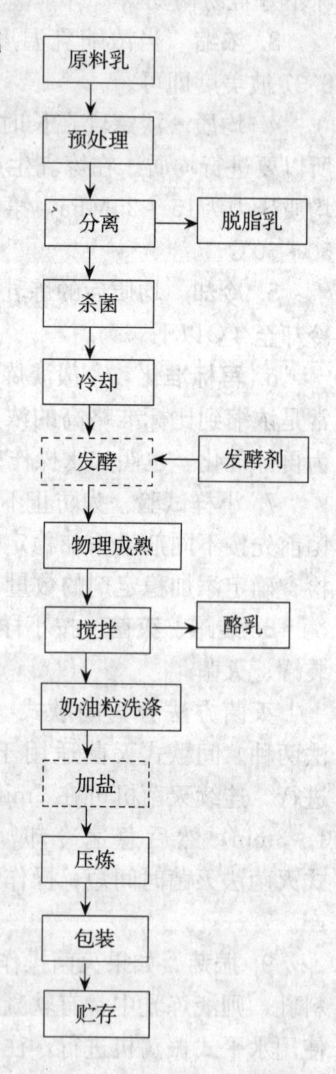

图 7-17 奶油加工工艺流程

表 7-2 稀奶油发酵最终酸度要求

稀奶油中脂肪（%）	要求最终发酵酸度（°T）		稀奶油中脂肪（%）	要求最终发酵酸度（°T）	
	不加盐奶油	加盐奶油		不加盐奶油	加盐奶油
34	33	26	38	31	25.5
36	32	25	40	30	24

6. **物理成熟**　所谓的物理成熟，是把杀菌后的稀奶油迅速冷却到一定温度，保持一定时间，使脂肪球膜变性，由液态脂肪变成固态脂肪的过程。稀奶油中的多数脂肪球变成固体状态，有一定的弹性和硬度后，才能通过搅拌使脂肪凝聚而形成奶油。脂肪结晶化的程度取决于成熟时的温度和时间，见表 7-3。稀奶油物理成熟一般宜控制在 5 ℃ 以下。

表 7-3　物理成熟和时间的关系

成熟温度（℃）	0	1	2	3	4	6	8
成熟时间（h）	0.5～1	1～2	2～4	3～5	4～6	6～8	8～12

7. **搅拌**　把物理成熟的稀奶油加在搅拌器中，在机械搅拌作用下，使脂肪球膜破裂，脂肪相互黏合形成脂肪团块的过程称“搅拌”。搅拌时分离出的液体称为“酪乳”。

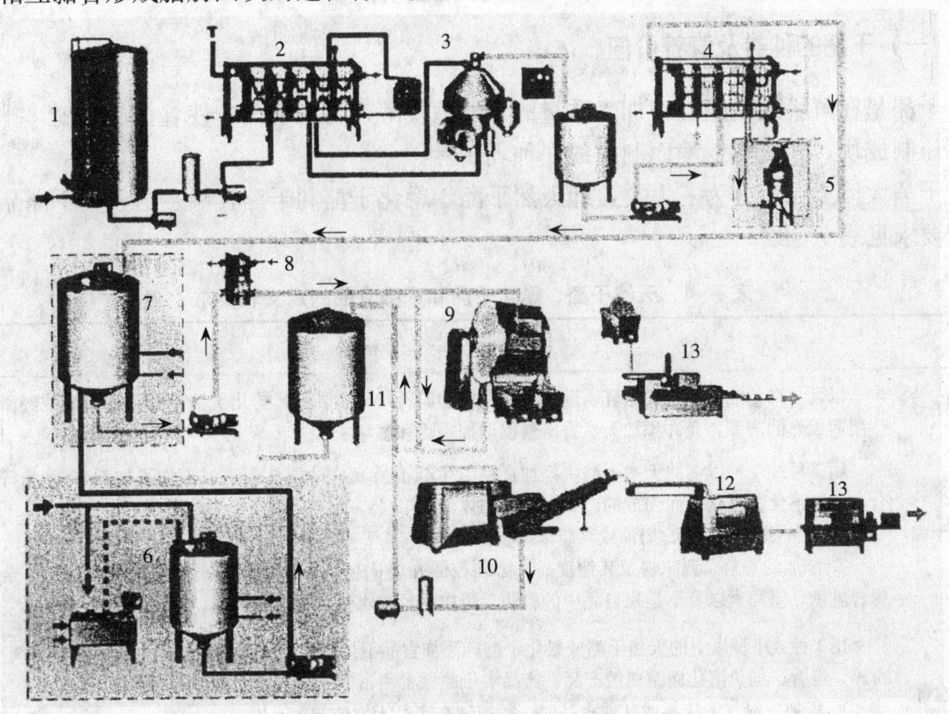

图 7-18　间歇和连续化发酵奶油的生产线

1. 储乳罐　2. 板式热交换器　3. 奶油分离机　4. 巴氏杀菌机　5. 真空脱气机　6. 发酵剂制备系统　7. 稀奶油的成熟和发酵　8. 板式热交换器　9. 间歇式奶油制造机　10. 连续式奶油制造机　11. 酪乳回收罐　12. 带有螺杆输送器的奶油仓　13. 包装机

搅拌是在搅拌机中进行的，搅拌时稀奶油的温度夏季保持在 8～12℃，冬季为 10～14℃，搅拌时间一般为 30～60min，转速为 18～30 r/min。每次装入搅拌器容积的 40%～50%为宜。

8. **洗涤**　排出酪乳后，用等量的杀菌水对奶油颗粒进行 2～3 次洗涤。目的是除去附着在奶油颗粒表面的酪乳，以及通过降低水温来调整奶油的硬度和减轻异味，一般水温比奶油温度低 2～3℃。

9. **加盐及压炼**　为了使奶油有一定风味，提高保藏能力，在排尽洗涤水后，把经过烘干的食盐，按奶油量的2.5%～3.0%添加。

压炼就是将奶油压成奶油层，使水分、食盐、奶油均匀混合。洗涤后的奶油颗粒有一定间隙存留空气和水分，通过压炼挤压颗粒，变得致密，并把多余的水分排出来。压好的奶油含水量不应超过10%。

加工奶油所用的食盐应是精制的特级或一级盐，放在奶油压炼器内，通过压炼与奶油混合。

10. 包装 一般用硫酸纸、塑料加层纸、复合薄膜等包装材料包装，也可用马口铁罐、木桶包装。包装后贮藏在2～5℃冷库内。

二、干酪制品加工

（一）干酪的种类及营养价值

干酪是在鲜乳或脱脂乳中加入适量的乳酸菌发酵剂与凝乳酶，使乳蛋白凝固，排去乳清，压制成块，经成熟发酵而制成的一种乳制品。

干酪大体上可以分为三大类，即天然干酪，融化干酪和干酪食品。这三类干酪品种的定义要求见表7-4。

表7-4 天然干酪、融化干酪和干酪食品的定义和要求

名 称	规 格
天然干酪	以乳、稀奶油、部分脱脂乳、酪乳或混合乳为原料，经凝乳后，排出乳清而获得的新鲜或经微生物作用而成熟的产品，允许添加天然香辛料以增加香味和滋味
融化干酪	用1种或1种以上的天然干酪，添加食品卫生标准所允许的添加剂（或不加添加剂），经粉碎、混合、加热溶化、乳化后而制成的产品，含乳固体40%以上。此外，还有下列两条规定： 1. 允许添加稀奶油、奶油或乳脂以调整脂肪含量； 2. 添加的香料、调味料及其他食品，必须控制在乳固体的1/6以内。不得添加脱脂奶粉、全脂奶粉、乳糖、干酪素以及不是来自乳中的脂肪、蛋白质及碳水化合物
干酪食品	用1种或1种以上的天然干酪或融化干酪，添加食品卫生标准所允许的添加剂（或不加添加剂），经粉碎、混合、加热溶化而制成的产品。产品中干酪数量须占50%以上。此外，还规定： 1. 添加香料、调味料或其他食品时，须控制在产品干物质的1/6以内； 2. 添加不是来自乳中的脂肪、蛋白质、碳水化合物，不得超过产品的10%

干酪的营养成分均等于原料乳中蛋白质和脂肪的10倍，盐类中含有大量的钙和磷。干酪中的蛋白质经发酵后，由于凝乳酶及微生物中蛋白酶的分解作用，形成胨、肽及氨基酸等，因此，很容易消化吸收，干酪中蛋白质的消化率为96%～98%。干酪中含有大量的必需氨基酸，与其他动物性蛋白质比较，质量更优良。

（二）天然干酪加工

天然干酪加工工艺流程见图7-19。

1. 原料的验收、预处理 生产干酪的原料必须是符合卫生标准的优质乳。

原料乳进行过滤和净化等预处理后，调整原料乳中脂肪和与蛋白质的比例，对原料进

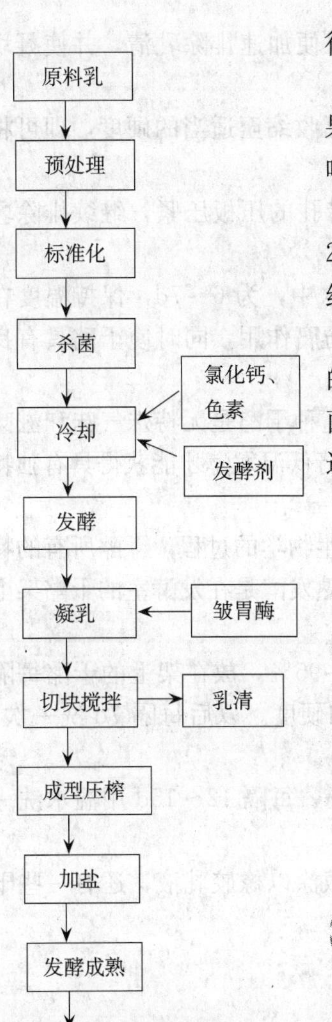

图 7-19　干酪加工工艺流程

行标准化，使其符合产品要求。

2. 杀菌　杀菌多采用 71～75℃、15s 的巴氏杀菌法。如果杀菌温度过高，时间过长，会破坏乳中盐类平衡，进而影响凝乳酶的凝乳效果，使凝块松软。

3. 添加发酵剂　杀菌后的原料乳放入干酪槽（图 7-20），冷却至 30～32℃，添加 1%～3%的发酵剂，搅拌均匀。经 1h 发酵后，使乳的酸度达到 20～24°T。

用于生产干酪的乳酸发酵剂，随干酪种类而异。最主要的菌种有乳酸链球菌、乳油链球菌、干酪杆菌、丁二酮链球菌、嗜酸乳杆菌、保加利亚乳杆菌以及嗜柠檬酸明串珠菌等。通常选取其中两种以上的乳酸菌配成混合发酵剂。

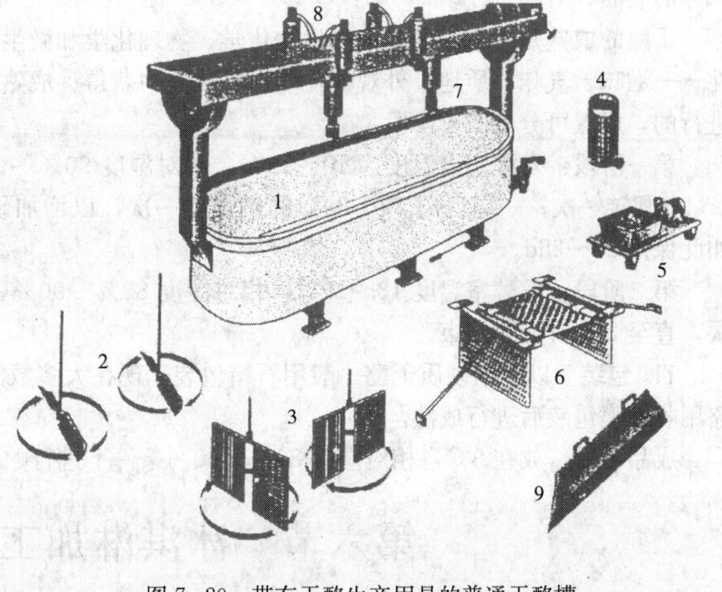

图 7-20　带有干酪生产用具的普通干酪槽

1. 带有横梁和驱动电机的夹层干酪槽　2. 搅拌工具　3. 切割工具
4. 置于出口处干酪槽内侧的过滤器　5. 带有一个浅容器小车上的乳清泵
6. 用于圆孔干酪生产的预压板
7. 工具支撑架　8. 用于预压设备的液压筒　9. 干酪切刀

4. 调整酸度　经发酵预酸后的牛乳酸度很难控制到绝对合适，可用 1mol/L 的磷酸、磷酸二氢钙调节酸度至不同品种干酪要求的酸度。

5. 添加凝乳酶　生产干酪所用的凝乳酶主要是皱胃酶，其用量根据其活力（效价）而定。凝乳酶在使用前，用 1%的食盐水配成 2%溶液，并在 28～30℃下保温 30min，然后加到乳中，充分搅拌均匀后加盖，使原料乳静置凝固。一般要求在 40min 内凝结成半固体状态。当凝块无气孔，摸触时有软的感觉，乳清透明时，表明凝固状况良好。

6. 切块、搅拌及二次加热　凝块达到适当硬度后，用不锈钢丝切刀纵横切成约 $1cm^3$ 大小的方块，并加以搅拌。开始徐徐搅拌，防止凝块碰碎，15min 后搅拌逐渐加快，同时

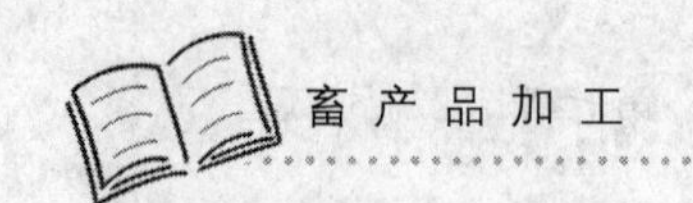

在干酪槽的夹层中通入热水，使温度缓慢升高至32～36℃以便加速排除乳清，并使凝块体积缩小为原来的一半大小。

7. 排除乳清 当乳清酸度达到0.12%左右，干酪颗粒已收缩至适当的硬度，即可将乳清排除。

8. 压型压榨 先将干酪颗粒堆积在干酪槽的一端，用带孔的压板压紧，继续排除乳清，并使其成块。然后装入模具压榨机压榨4h使其成型。

9. 盐渍 将已成型的干酪，浸泡于22%～23%的食盐水中，为6～7d，保持温度在8～10℃。盐渍的目的在于抑制部分微生物的繁殖使之具有防腐作用，同时使干酪具有良好的风味。

10. 发酵成熟 压榨成型和加盐后的干酪称为生干酪。这种干酪是无特殊气味和滋味的橡皮状质地物体，必须再经过一定温度和湿度下存放，进行低温发酵才能获得具有独特风味的制品。

干酪的成熟是一个十分复杂的生物化学、物理化学和微生物学的过程，干酪所有的特性——滋味、气味、质地、外观等，均在其成熟中获得。成熟发酵是在发酵室的干酪架上进行的，成熟可分为二个阶段：

第一阶段：发酵室内温度为10～12℃，相对湿度90%～95%，放在架上的干酪每隔1～2d翻转一次；一周后用70～80℃的热水烫一次，以增加硬度。以后每隔7d洗一次，如此保持20～25d。

第二阶段：发酵室温度13～15℃，相对湿度88%～90%，每隔12～15d用温水洗一次，直至2个月成熟结束。

11. 包装 以前半硬质干酪一般用石蜡包装，现在大多数涂以橡胶乳液，还有一些干酪用收缩膜包装后进行成熟。

成品干后，放在5℃，相对湿度80%～90%条件下进行贮藏。

第六节　冰淇淋加工

一、冰淇淋的概念、种类

冰淇淋是以饮用水、牛乳乳粉、奶油（或植物油脂）、食糖等为主要原料，加入适量的食品添加剂，经混合、杀菌、均质、老化、凝冻、硬化等工艺制成的体积膨胀的冷冻饮品。

冰淇淋的花色品种繁多，根据冰淇淋中的脂肪含量可分为高脂冰淇淋、中脂冰淇淋、低脂冰淇淋；根据加入的原料可分为清型冰淇淋、混合型冰淇淋、组合型冰淇淋等；根据硬度来分有硬质冰淇淋和软质冰淇淋。

二、冰淇淋的原料选择及其特性

（一）乳与乳制品

主要包括鲜乳、脱脂乳、稀奶油、奶油、炼乳、乳粉等。这类原料主要是为冰淇淋提

供脂肪和非脂肪固体，赋予冰淇淋以良好风味和营养价值。

冰淇淋中脂肪含量过少，不仅制品组织不良而且保型性降低，但脂肪含量过高，又会造成组织软性丧失，脂肪味大。成品中非脂乳固体含量过少时，又会导致成品组织粗松，缺乏稳定性，且易于收缩。

在冰淇淋生产中，可使用氢化油、人造奶油和椰子油、棕榈油、棕榈仁油等食用油脂取代部分乳脂肪。

冰淇淋加工中可用植物蛋白乳代替或部分代替乳制品制作冰淇淋，常用的植物蛋白原料有大豆、绿豆、花生、芝麻、玉米、杏仁等。这些植物含有丰富的植物油脂，经过适当处理后具有诱人的香味，加工性质好。

（二）果蔬料

随着冰淇淋行业的发展，果蔬原料也广泛用于冰淇淋加工中，可以增加冰淇淋维生素C、无机盐等物质的含量，使冰淇淋具有特别的风味。常用的果蔬有芒果、草莓、木瓜、猕猴桃、黄桃、胡萝卜、芹菜、香菇、南瓜、黄瓜等。所用的果蔬原料主要有果蔬汁、果蔬浆料。

（三）甜味料

一般选用的甜味料是蔗糖，用量为13.5%～15.5%，也有用其他糖如淀粉糖浆、葡萄糖、麦芽糖等。它们不仅给冰淇淋以甜味，而且使成品的组织细致并能降低凝冻时的温度。

（四）稳定剂

稳定剂具有较强的亲水性，能提高冰淇淋的黏度、硬度和膨胀率，防止形成冰结晶，改善冰淇淋的形体和组织结构；提高冰淇淋抗融化性和保藏稳定性。主要稳定剂的添加量见表7-5。

表7-5　主要稳定剂的添加量　　单位：%

名称	参考用量	名称	参考用量	名称	参考用量	名称	参考用量
明胶	0.5	琼脂	0.3	瓜尔胶	0.25	魔芋胶	0.3
CMC	0.16	卡拉胶	0.08	果胶	0.15	黄原胶	0.2
海藻酸钠	0.27	刺槐豆胶	0.25	微晶纤维	0.5	淀粉	2

（五）乳化剂

乳化剂在冰淇淋中的作用主要是：使均质后的脂肪球呈稳定的微细乳浊液状态；提高混合料的起泡性和膨胀率；增加制品在室温下的稳定性。乳化剂的用量见表7-6。

表7-6　主要乳化剂的添加量　　单位：%

名称	参考用量	名称	参考用量	名称	参考用量	名称	参考用量
单甘酯	0.2	PG酯	0.2～0.3	卵磷脂	0.1～0.5	司盘60	0.2～0.3
蔗糖酯	0.1～0.3	酪蛋白酸钠	0.2～0.3	大豆磷脂	0.1～0.5	吐温80	0.2～0.3

（六）香精及食用色素

适量的香精能使成品带有醇和的香味和具有该品中应有的自然风味，增进食用价值。香精通常用量是0.025%～0.15%。

在色素添加时，色调的选择应尽可能与冰淇淋名称相吻合，如橘子冰淇淋应配用橘红或橘黄色素为佳。

（七）蛋与蛋制品

冰淇淋生产早期采用鸡蛋作原料，主要是其含有卵磷脂，具有乳化性。近年来，由于新型的稳定剂、乳化剂的出现，可以不使用蛋及蛋制品。但加入适量的全蛋或蛋黄粉，能产生良好风味，有助于增加膨胀率。常用量为鲜鸡蛋1%～2%，蛋黄粉0.1%～0.5%。

三、冰淇淋的生产工艺

冰淇淋的生产工艺流程见图7-21。

1. 混合原料的配比与计算 各类冰淇淋都有各自不同的配方，因此混合料的计算应按各类冰淇淋产品质量标准，计算其中需要各种原料的配比数量，从而保证所生产的产品质量符合标准。

2. 原料混合 冰淇淋混合原料的配制一般在杀菌缸内进行。配制前，混合原料所用的物料必须先进行相应的预处理。如砂糖要预先配成65%～70%的糖浆；牛乳、炼乳及乳粉等应溶化混合并经100～120目筛滤后使用；蛋品乳粉除溶化过滤外，必要时还应采取均质处理；奶油或氢化油加热融化、筛滤后使用；明胶和琼脂等稳定剂可先制成10%溶液后加入；果蔬料需经过杀菌、打浆、护色等处理后在凝冻前添加。

混合料的酸度以0.18%～0.2%为宜，高于0.25%易造成凝固。酸度过高时，应在杀菌前用NaOH或$NaHCO_3$进行中和调整。

3. 杀菌 杀菌在杀菌缸内进行，可采用75～78℃保持15min的杀菌条件，能达到杀灭病原菌、细菌、霉菌和酶等目的。若需着色，则在杀菌搅拌初期加入色素。

4. 均质 混合料经均质后，可使冰淇淋组织细腻，形体滑润柔软，增加稳定性和持久性，提高膨胀率，减少冰结晶等。一般用二段高压均质机进行，在63～65℃下，第一段均质压力为15～18MPa，第二段均质

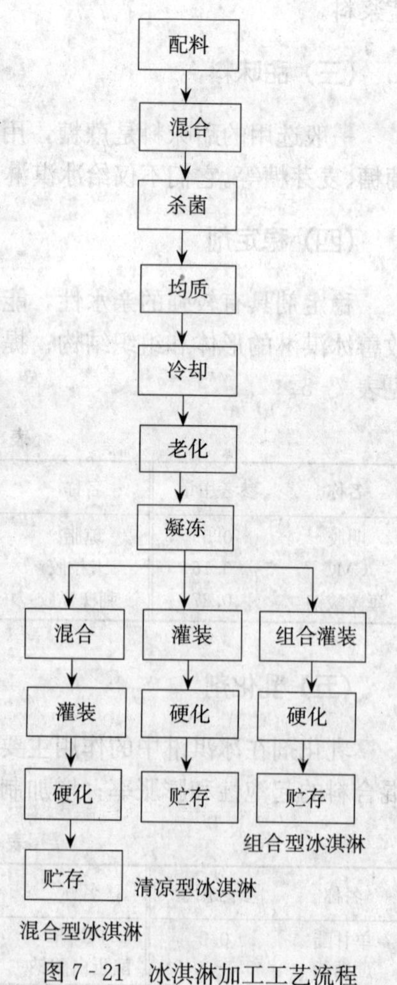

图7-21 冰淇淋加工工艺流程

压力为2～5MPa。

5. 老化　混合原料经均质处理后，应迅速冷却至2～4℃，在此温度下冷藏一定时间，称为老化。老化的目的在于使混合料中的各种原料充分溶胀，增加黏度，提高膨胀率，改善冰淇淋的结构组织状态。

老化的时间与混合料的组成成分有关，干物质越多，黏度越高，老化所需要的时间越短。软质冰淇淋通常老化30min，硬质冰淇淋需老化6～24h。

6. 凝冻　凝冻是将混合料在强制搅拌下进行冷冻，使空气呈极小的气泡状态均匀分布于混合原料中、一部分水分呈微细的冰结晶的过程。均匀分布的空气泡有稳定和阻止热传导的作用，可使冰淇淋成型硬化后较持久不融化。

凝冻的时间为15～20min，出料温度为－6～－4℃。冰淇淋制造时应控制一定的膨胀率，膨胀率不易过高，否则组织会松软。但过低则组织坚硬。软质冰淇淋的膨胀率是40%左右，硬质冰淇淋为80%～100%。膨胀率的计算公式为：

$$膨胀率=\frac{冰淇淋的容积-混合料的容积}{混合料的容积}\times 100\%$$

7. 成型与硬化　凝冻后的冰淇淋为半流体，又称软质冰淇淋，一般是现制现售，而硬质冰淇淋则需包装后，再经过过冷冻硬化，以固定冰淇淋的状态，使其组织保持一定的松软与硬度，才可出厂销售。冰淇淋的硬化情况，对品质有着密切的关系。硬化迅速则冰淇淋融化少，组织中冰结晶细，成品细腻润滑，若硬化迟缓则部分冰淇淋融化，冰结晶粗而多，成品粗糙、品质差。一般硬化温度为－23～－25℃，时间为12～24h。

8. 冷藏　硬化后的冰淇淋在销售前应贮存在－30～－25℃下，贮存期间要防止温度波动。

复习思考题

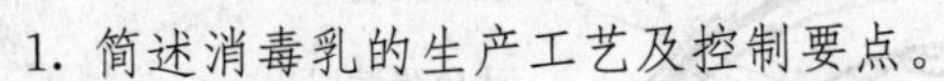

1. 简述消毒乳的生产工艺及控制要点。
2. 简述UHT乳生产工艺及控制要点。
3. 简述凝固型酸乳的加工工艺及要点。
4. 简述乳粉的二段生产法及特点。
5. 简述婴儿配方乳粉的调制原则。
6. 谈谈灭菌乳在货架期间易出现的问题及控制措施。
7. 简述乳酸菌饮料的生产方法及质量控制措施。
8. 在乳品发酵剂中常用的菌种有哪些？发酵剂的作用是什么？
9. 淡炼乳加工中均质、灭菌、振荡有何意义？
10. 真空浓缩在乳粉生产中有何意义？
11. 何为奶油、炼乳、干酪？它们的种类有哪些？
12. 简述冰淇淋的概念和基本工艺流程。

第八章

蛋的成分与性质

学习目标

了解禽蛋的基本构造和禽蛋各部分的化学成分；掌握蛋的理化性质和功能性质。

第一节　蛋的构造

一、蛋的基本组成

禽蛋包括鸡蛋、鸭蛋、鹅蛋、鹌鹑蛋等。禽蛋及其制品营养丰富，食用方便，是人们的主要营养食品之一。

禽蛋主要由蛋壳、蛋白、蛋黄组成，其结构见图 8-1。各部分的组成比例因家禽的种类、品种、产蛋季节、饲养以及管理条件等不同而各有差异，其基本比例见表 8-1。

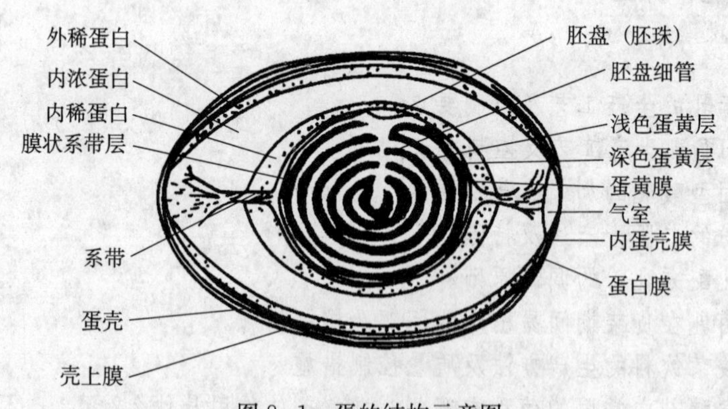

图 8-1　蛋的结构示意图

表 8-1　禽蛋各部分的比例

种类	全蛋重（g）	蛋壳（%）	蛋白（%）	蛋黄（%）
鸡蛋	40～60	10～12	45～60	26～33
鸭蛋	60～90	11～13	45～58	28～35
鹅蛋	160～180	11～13	45～58	32～35
鹌鹑蛋		8.2～8.4	60.4～60.8	31～31.4

1. 壳上膜　壳上膜又称壳外膜。是一层覆盖在蛋壳表面的白色透明具有光泽的胶质性黏液干燥而成的薄膜，厚度 0.005～0.01mm，它的功能是保护蛋内容物免遭外界微生物感染，减少蛋内水分蒸发和二氧化碳的逸出。壳上膜易受热、受潮或摩擦、水洗而被破坏。

2. 蛋壳　是一层包裹蛋内容物的硬壳，厚度 0.2～0.3mm，其功能是使蛋具有固定的形状，并保护蛋白蛋黄，但蛋壳质脆不耐碰和挤压。在蛋壳上有许多肉眼看不见的不规则的成弯曲状的细孔，称为气孔。气孔是蛋新陈代谢的内外通道，当壳上膜破坏后，微生物可通过气孔侵入蛋内，从而导致鲜蛋的腐败变质。气孔使蛋具有透视性，因此在灯光下可观察内容物。

3. 蛋壳膜　蛋壳膜厚 0.073～0.114mm，分内、外两层。外层紧贴蛋壳内壁，称蛋壳膜或内壳膜，内层包裹整个蛋白，称蛋白膜。这两层膜的结构大致相同，不溶于酸、碱以及盐类溶液，能透水透气，但通透性比蛋壳小，具有保护蛋内容物不受微生物侵染和保护蛋白不流散的作用。

4. 气室　气室是在蛋的钝端由蛋白膜和蛋壳膜分离形成一个气囊。刚产下的蛋没有气室，当蛋接触空气，蛋内容物遇冷发生收缩，外界空气由气孔进入蛋内，形成气室。随着存放时间的延长，气室逐渐增大。气室的大小用高度来表示，它是评价和鉴别蛋新鲜程度的指标之一。

5. 蛋白　蛋白也称为蛋清，位于蛋白膜的内层，包裹着蛋黄而充满整个蛋壳腔，占全蛋质量的 50%～60%，是一种白色透明的胶体物质。蛋白由外向内分为四层：外稀蛋白，约占整个蛋白的 23.3%；内浓蛋白，约占整个蛋白的 57.2%；内稀蛋白，约占整个蛋白的 16.8%；膜状系带层，约占整个蛋白的 2.7%。

浓厚蛋白中含有溶菌酶，能溶解微生物细胞膜，有杀菌、抑菌作用。但随着存放时间的推延和温度的升高，浓厚蛋白逐渐变得稀薄，溶菌酶也随之失去活性。因此，浓厚蛋白的多少也是衡量蛋新鲜程度的指标。

系带是由浓厚蛋白构成的，位于蛋的两端，连接浓厚蛋白和蛋黄，作用是把蛋黄固定在蛋的中央。新鲜的系带很粗，有弹性，含有丰富的溶菌酶。随着浓厚蛋白的变稀，系带逐渐变细甚至消失，蛋黄移位上浮，出现靠黄蛋和黏壳蛋。因此系带的存在状况也是鉴别蛋新鲜程度的重要指标之一。

6. 蛋黄　蛋黄位于蛋的中心，呈球形，由蛋黄膜、蛋黄液和胚胎三部分组成。

蛋黄膜是包裹在蛋黄外面，厚约 0.016mm 的一层透明薄膜。其作用是防止蛋白蛋黄混合。随着贮存时间的延长，蛋黄的体积会因蛋白中水分的渗入而逐渐增大，导致蛋黄膜的破裂，蛋黄液外溢，形成散黄蛋。蛋黄液是浓稠不透明的半流动黄色乳状液，由深浅两种不同的蛋黄分数层交替排列。

在蛋黄的表面有一直径约 3mm 的白斑点，称为胚胎或胚盘，未受精的呈椭圆形，叫胚珠，直径约 2.5mm，受精后呈多角形，叫胚盘，直径为 3～5mm。受精的蛋在较高温度下存放，受精的胚胎就会发育。

二、蛋的化学组成

蛋的化学组成受家禽的种类、品种、饲料、产蛋期、饲养管理条件等因素的影响变化较大。几种禽蛋的主要化学成分见表8-2。

表8-2 不同禽蛋的化学成分（100g可食部分的含量）

禽蛋种类	可食部分（%）	能量（kJ）	水分（g）	蛋白质（g）	脂肪（g）	糖类（g）	无机盐（g）
红皮鸡蛋	88	653	73.8	12.8	11.1	1.3	1.0
白皮鸡蛋	87	577	75.8	12.7	9.0	1.5	1.0
鸭蛋	87	753	70.3	12.6	13.0	3.1	1.0
鹅蛋	87	820	69.3	11.1	15.6	2.8	1.2
鹌鹑蛋	86	669	73.0	12.8	11.1	2.1	1.0

（一）蛋壳的化学组成

壳上膜是一种角质的黏液蛋白，含85%～97%的蛋白质，其余为碳水化合物、脂肪和无机盐；壳下膜主要成分为角质蛋白的硬蛋白，水溶性很差。

蛋壳主要由无机盐组成，其中主要是碳酸钙，约占93%，其次是碳酸镁、磷酸钙、磷酸镁。另外，含有少量的胶原蛋白和原卟啉的荧光色素。

（二）蛋白的化学组成

不同禽蛋蛋白的化学成分见表8-3。

表8-3 不同禽蛋蛋白的化学成分比较（100g可食部分的含量）

种 类	能量（kJ）	水分（g）	蛋白质（g）	脂肪（g）	碳水化合物（g）	无机盐（g）
鸡蛋白	251	84.4	11.6	0.1	3.1	0.8
鸭蛋白	197	87.7	9.9	微	1.8	0.6
鹅蛋白	201	87.2	8.9	微	3.2	0.7

1. **水分**　禽蛋蛋白中水分含量为85%～89%，但各层次不尽相同，从外到内含水量略有减少。

2. **蛋白质**　蛋白中的蛋白质主要有卵白蛋白、卵球蛋白、卵黏蛋白、卵类黏蛋白和伴白蛋白五种。稀薄蛋清层与浓厚蛋清层之间蛋白质组成的差异仅在于卵黏蛋白含量不同，浓厚蛋清层中卵黏蛋白的含量是稀薄蛋清层中的4～5倍。

3. **碳水化合物**　蛋白中的碳水化合物含量为1%～3%，一些与蛋白质呈结合状态存在，一些呈游离状态存在。主要是葡萄糖、果糖、甘露糖等。对蛋白片、蛋白粉等产品的色泽有重要影响。

4. **脂质**　新鲜的蛋白中含有微量的脂质，约占0.02%，中性脂质和复合脂质的组成是7∶1，中性脂质的主要成分是游离脂肪酸和游离甾醇，复合脂质的主要成分是神经鞘磷脂和脑磷脂。

5. **无机盐**　蛋白中的无机盐含量不足1%，但种类丰富，主要有钾、钙、钠、氯、磷、硼、溴、碘等。

6. **维生素及色素**　蛋白中的维生素含量较蛋黄低，其中以维生素 B_2 较多，此外还有维生素C、维生素PP等。蛋白中的色素也较少，主要是核黄素。

7. **酶类**　蛋白中还含有溶菌酶、蛋白酶、淀粉酶和过氧化氢酶等。溶菌酶占蛋清蛋白总量的3%～4%，其在一定条件和时间内有杀菌作用，在37～40℃及pH7.2时活力最强。

（三）蛋黄的化学组成

蛋黄占整个蛋重的1/3左右，约含50%的水分，其余大部分是蛋白质和脂肪，二者比例为2∶1。蛋黄有淡黄色蛋黄和黄色蛋黄之分，黄色蛋黄占95%，淡黄色蛋黄仅占5%。蛋黄的化学组成见表8-4。

表8-4　不同禽蛋蛋黄的化学成分比较（100g可食部分的含量）

种　类	能量（kJ）	水分（g）	蛋白质（g）	脂肪（g）	碳水化合物（g）	无机盐（g）
鸡蛋黄	1 372	51.5	15.2	28.2	3.4	1.7
鸭蛋黄	1 582	44.9	14.5	33.8	4.0	2.8
鹅蛋黄	1 356	50.1	15.5	26.4	6.2	1.8

1. **蛋白质**　蛋黄中的蛋白质大部分是脂质蛋白质，包括低密度脂蛋白、高密度脂蛋白、卵黄高磷蛋白、卵黄球蛋白。

低密度脂蛋白占蛋黄蛋白总量的65%，它使蛋黄具有乳化性，并使蛋黄冻结融解时呈凝胶状；高密度脂蛋白又称卵黄磷脂蛋白，占蛋黄蛋白质总量的16%，属典型的含磷蛋白；卵黄高磷蛋白占蛋黄中总蛋白的4%～10%，可与卵黄磷脂蛋白形成复合体；卵黄球蛋白占10%，含丰富的硫；蛋黄中还有微量的核黄球结合性蛋白质，与核黄素形成复合体。

2. **脂质**　蛋黄中脂质含量最多，占30%～33%。其中甘油三酯约占蛋黄中总脂肪含量的20%，其次为磷脂，占10%，以及少量的固醇。蛋黄中的磷脂90%为卵磷脂和神经磷脂，对脑组织和神经组织的发育很重要，并有很强的乳化作用。但由于蛋黄中含有不饱和脂肪酸多，所以易氧化。

蛋黄中的类固醇几乎都是胆固醇。

3. **无机盐**　蛋黄中约含1.0%～1.5%的无机盐，其中磷最为丰富，占无机盐总量的60%以上。其次是钙，占13%左右，此外还有铁、硫、钾、钠、镁等。

4. **维生素及色素**　维生素在整个鲜蛋中蛋黄最丰富，主要包括维生素A、维生素 B_1、维生素 B_2、维生素 B_6、维生素C、维生素D、维生素E、泛酸和烟酸等。蛋黄中的色素主要有叶黄素、玉米黄质、胡萝卜素、核黄素等黄色色素。主要是叶黄素和玉米黄质，二者比例为7∶1。

5. **碳水化合物**　蛋黄中碳水化合物占蛋黄重的0.2%～1.0%，主要是葡萄糖和少量乳糖等。

此外，蛋黄中还含有许多酶，如淀粉酶、甘油三丁酸酶、蛋白酶、过氧化氢酶等。

第二节　蛋的特性

一、蛋的理化特性

1. 蛋的质量　蛋的质量随着家禽的种类不同有明显的差别。一般鸡蛋平均为52g/枚、鸭蛋85g/枚、鹅蛋180g/枚。此外，蛋的质量还受禽的品种、开产日龄、开产季节、产蛋母禽的周龄、母禽的体重、饲养管理及环境条件等因素的影响。一般刚开产的蛋较轻，经产蛋较重；夏季产的蛋较轻；母禽个体大则产的蛋也较大；饲料中蛋白质特别是蛋氨酸缺乏，产的蛋较轻；饮水不足，产的蛋较轻；在产蛋末季蛋较轻。

2. 蛋的耐压度　蛋的耐压度因蛋的形状、蛋壳的厚度和禽的种类不同而异。球形蛋的耐压度最大，椭圆形者适中，圆筒形最小；蛋壳越厚耐压度越大，反之耐压度变小，一般浅色的蛋壳较薄，色深的蛋壳较厚；蛋的长轴的耐压性比短轴的耐压性强。

3. 相对密度　鲜蛋的相对密度为1.078～1.094，陈蛋的相对密度逐渐减小，约为1.050。蛋的各部分相对密度也有差异，蛋壳为1.741～2.134，蛋白为1.030～1.052，蛋黄为1.028～1.029。

4. pH　鲜蛋蛋白的pH为6.0～7.7，鲜蛋黄的pH约为6.3，蛋黄、蛋白混合后的pH为7.5左右。在贮藏期间，由于二氧化碳的逸出，pH随时间的延长而升高，蛋贮藏10d左右，蛋白的pH可达9.0～9.7，蛋黄pH在贮存期间变化缓慢；蛋腐败变质后，蛋白pH迅速下降。

5. 蛋的热凝固点和冻结点　鲜蛋蛋白加热凝固点为62～64℃，蛋黄为68～71.5℃，加热凝固点温度和蛋白质种类及蛋液中盐类有关。蛋白的冻结点为－0.41～－0.48℃，蛋黄的冻结点为－0.545～0.617℃。

6. 蛋液的黏度　鲜蛋黄的黏度比蛋白高。新鲜鸡蛋的黏度：蛋白为3.5～10.5，蛋黄为11.0～25.0。陈蛋黏度降低，主要是由于蛋白质分解及表面张力降低而引起的。

7. 蛋白和蛋黄之间的渗透作用　蛋白和蛋黄之间有一层具有渗透作用的蛋黄膜，因它们化学成分的浓度不同，在贮存期间，蛋黄中的盐类不断地扩散到蛋白中去，蛋白中的水分会不断浸透到蛋黄中。

二、蛋的功能特性

禽蛋有很多重要特性，其中与食品加工关系密切的主要有蛋的凝固性、蛋白的起泡性和蛋黄的乳化性。这些特性使得蛋在各种食品加工中得到广泛应用，如蛋糕、饼干、再制蛋、蛋黄酱、冰淇淋及糖果等的制造，从而使蛋成为是其他食品添加剂所不能替代的原辅料。

（一）蛋的凝固性

蛋的凝固性也称凝胶化，是指当禽蛋蛋白受到热、盐、酸或碱及机械作用而发生凝固的现象，它是蛋白质的重要性质。蛋的凝固是一种蛋白质分子结构发生的变化，该变化使

蛋液变稠，由流体变成固体或半固体（凝胶）状态。

1. 热凝固 蛋经加热，由生变成半熟，再由半熟达到全熟，其蛋白、蛋黄的状态有许多变化，一般蛋白较蛋黄凝固快。不同的温度和加热时间长短引起的变性不同，加热时间越长，温度越高，变性凝固越深。

蛋白热凝固变性与蛋白的含水量有关。蛋白含水量越高，其热凝固点就越低。根据这一特性，在进行蛋白片加工时，可以改变蛋白质的含水量来防止蛋白热凝固变性的发生。

在等电点加热时，蛋白质最容易凝固变性，反之，越远离等电点，加热时蛋白质越不易凝固变性。因此，在制作蛋白片时，在发酵的蛋液中加入氨水，调节 pH 到 8，再高温烘制，蛋白质不易发生凝固变性。

在 15%的蛋溶液中加入 1%的食盐就会促进蛋液的凝固；但在蛋液中加入糖，可使凝固温度升高，加糖后制品的硬度与蔗糖添加量成比例上升。利用这一点，在制作蛋类甜点时，降低糖的用量可以提高制品的绵软性。

2. 蛋的酸碱凝胶化 蛋在一定 pH 条件下会发生凝固，蛋白在 pH 为 2.3 以下或 pH 为 12.0 以上会形成凝胶。而 pH 在 2.2～12.0 之间则不发生凝胶化。松花蛋和糟蛋加工的原理即为此。碱性凝固形成的凝胶呈透明状，可发生自行液化，而酸凝固的凝胶呈乳浊色，不会自行液化。

3. 蛋黄的冷冻凝胶化 蛋黄在冷冻时黏度剧增，形成弹性胶体，解冻后也不能完全恢复蛋黄原有状态，这使冰蛋黄在食品中的应用受到限制。蛋黄凝胶化的速度与程度取决于冷冻速度、温度和冷冻期及解冻的速度。在液氮中快速冷冻蛋黄，而且迅速解冻就能有效地制止凝胶作用。当冻藏的温度从－6℃降至－50℃，凝胶作用速度加快。

蛋黄通过预冷、胶体磨处理可以减少但不能阻止蛋黄的凝胶作用。用蛋白酶，如胰蛋白酶和木瓜蛋白酶处理天然蛋黄是冷冻加工中防止凝胶作用的另一途径。在冷冻前添加 10%的糖，如蔗糖、葡萄糖和半乳糖可有效抑制凝胶作用，用 1%～10%的食盐水虽然会增加未冷冻蛋黄的黏度，但在冷冻过程中能防止凝胶作用。

（二）蛋白的起泡性

蛋白的起泡性是指当搅打蛋清时，空气进入并包在蛋清液中形成气泡的性质。在起泡过程中，气泡由大变小，而数目由少增多，最后失去流动性，通过加热使之固定。蛋白中的卵球蛋白、伴白蛋白起发泡作用，而卵黏蛋白、溶菌酶则起稳定泡沫的作用。蛋糕的疏松主要就是利用蛋白的起泡性原理。

蛋白在搅打时的起泡过程分为四个阶段：第一阶段是形成较大的无色、透明的气泡，易流动，这种泡沫具有脱除涩、辣等异味的作用；第二阶段泡沫变小，倒入容器时流动而有光泽，显得水灵灵的，泡沫有弹性，适宜作柔软的蛋糕；第三阶段泡沫变细小，色白而无光泽，弹性下降，不易破灭，倒入容器中不流动，适宜做蛋糕、菜肉蛋卷等；第四阶段的泡沫雪白、坚实而脆弱，表面干燥，易破灭。

影响蛋白起泡性的因素有蛋的新鲜度、温度、搅拌时间和添加物等。蛋液的表面张力越低越有利于起泡，生产上通常加入表面活性剂即可达到此目的。泡沫的稳定性与表面黏度有关，表面黏度越高，泡沫的稳定性越好，当蛋白起泡时，立刻冷却，就会成为细小稳定的泡。蔗糖具有持水性，可以延迟泡沫表面的变化，防止泡沫干燥，形成变化较小、稳定的泡沫，还可以防止起泡过度。蛋白液在38℃时起泡最好，但泡沫的稳定性不够，15℃下搅拌5min泡沫的稳定性达最高，21℃左右起泡良好又稳定。起泡性在pH为4.8时最好，因此，生产中常用添加酒石酸或柠檬酸调节蛋白液的pH，使起泡力加强，而且可使蛋糕增白。在中性或碱性条件下，在蛋白液中添加盐类可增加其起泡力，而在酸性条件下，盐类的添加会降低蛋白的起泡力。一般地，蛋越新鲜起泡力越强。蛋黄、脂类物质会降低蛋白的起泡力。

（三）蛋黄的乳化性

蛋黄中卵磷质、胆固醇、脂蛋白与蛋白质均为蛋黄中具有乳化性的成分，低密度脂蛋白比高密度脂蛋白乳化性强。蛋黄的乳化性对蛋黄酱、色拉调味料、起酥油、面团等的制作有重要的意义。

向蛋黄中添加少量的食盐、糖等可显著提高蛋黄的乳化性；蛋黄发酵后，其乳化能力增强，乳化液的热稳定性高（100℃，30min）；在16～18℃下蛋黄的乳化能力最好；酸能降低蛋黄的乳化能力；用水稀释蛋黄液，其乳化性降低；另外，冷冻、干燥、贮藏等都会使蛋黄的乳化能力下降。

三、蛋的贮运特性

鲜蛋是活的生命体，在贮藏、运输过程中温度、湿度变化，污染及挤压碰撞等都会引起蛋的质量变化。禽蛋在贮藏、运输过程中具有以下特点：

1. **孵育性**　蛋在21～25℃时胚胎开始发育，在37.5～39.5℃时，3～5d内胚胎周围就出现树枝状血管。即使未受精的蛋，气温过高也会引胚珠和蛋黄扩大。

2. **冻裂性**　当鲜蛋贮藏温度低于－2℃时，蛋壳会被冻裂，蛋液渗出；－7℃时，蛋液开始冻结。

3. **吸味性**　鲜蛋要通过蛋壳的气孔进行呼吸，当存放在有异味的环境中时，容易吸收异味，影响蛋的食用品质。

4. **易腐性**　鲜蛋有丰富的营养成分，是微生物良好的培养基，当鲜蛋受到禽粪、血污、蛋液等污染或遭到雨淋、水洗、受潮后，蛋壳表面的胶质膜被破坏，微生物会在蛋壳表面生长繁殖，并从气孔侵入蛋内，使蛋腐败变质。

5. **易碎性**　挤压碰撞易使蛋壳破碎，形成裂纹蛋、咯窝蛋、流清蛋等次劣蛋，影响蛋的加工、食用品质。

复习思考题

1. 试述禽蛋的基本结构和化学组成。
2. 禽蛋的理化性质有哪些？
3. 禽蛋与加工密切相关的功能性质主要表现在哪几方面？

第九章

蛋的品质与贮藏

学习目标

了解蛋的分级，掌握蛋的质量标准和品质鉴定方法；掌握蛋的冷藏法和涂膜保鲜法。

第一节　禽蛋的质量标准与品质鉴定

禽蛋的质量标准直接关系到禽蛋类商品的等级、市场竞争力和经济效益，很多国家和地区都制定了质量标准，并建立了相关的检测机构，定期随机抽样鉴定，一般每次抽样的蛋数不应少于50枚，在蛋产后24h进行测定为宜。

一、蛋的质量指标

（一）蛋的一般质量指标

1. **蛋壳状况**　主要鉴定蛋壳的清洁程度、完整状况和色泽三个方面。质量正常的鲜蛋蛋壳表面清洁，无禽粪、草屑等污物。蛋壳完好无损，无裂纹等。蛋壳的色泽应当是具有该品种所特有的色泽，蛋面无油光、发亮等现象。

2. **蛋形指数**　蛋形指数是指蛋的纵径和横径之比，是描述蛋的形状的指标，正常蛋的形状多为椭圆形，蛋形指数为1.30～1.35，小于1.30者为近球形，大于1.35者为圆筒形。蛋形指数不影响食用价值，但关系到蛋的破损率。蛋形指数测定方法可用蛋形指数计来测定。

蛋形指数＝纵径（mm）/横径（mm）

3. **蛋的质量**　蛋重是评定蛋的等级、新鲜程度的重要指标之一。随着蛋存放时间延长，蛋内水分蒸发，蛋的质量变轻。蛋重还与家禽的种类、季节、饲养管理等因素密切相关，很多国家把蛋重作为划分蛋的等级标准，鸡蛋的国际标准是58g/枚。

4. **蛋的相对密度**　蛋的相对密度和蛋的新鲜度关系密切。一般地，蛋越新鲜，其相对密度越大。优质蛋的相对密度应1.080以上，1.050以下为变质蛋。

（二）蛋的内部品质指标

1. **气室高度**　气室高度是评定禽蛋等级的重要依据之一。一般新鲜蛋的气室高度小于5mm，存放越久，气室越大。

2. 蛋白状况 蛋白状况是评定蛋的质量优劣的重要指标，质量正常的蛋应当是浓厚蛋白含量多，色泽无色或略带淡黄色，透明；在灯光透视下蛋内呈完全透明状，不见蛋黄暗影。随着贮存时间延长，浓厚蛋白逐渐变稀。可以用过滤的方法，分别称量浓厚蛋白和稀薄蛋白的量，以测定蛋白指数（即浓厚蛋白与稀薄蛋白的质量之比）。新鲜蛋的蛋白指数大约为6∶4或5∶5。

3. 蛋黄状况 蛋黄状况也说明蛋的质量好坏。新鲜蛋透视时蛋黄不见暗影；打开观察时，蛋黄呈半球形。存放较久的蛋，透视时蛋黄阴影明显可见，打开后蛋黄呈扁平状。蛋黄状况可用蛋黄指数来衡量。

蛋黄指数＝蛋黄高度（mm）/蛋黄直径（mm）

正常的新鲜蛋的蛋黄指数为0.38～0.44，合格的蛋的蛋黄指数为0.30以上。

蛋黄色泽对蛋的商品价值和价格有很大影响。国际上通常用罗氏比色扇的15种不同黄色色调等级比色，出口鲜蛋的蛋黄色泽要求达到8级以上。

4. 哈夫单位 哈夫单位是根据蛋重和浓厚蛋白高度的指数关系来衡量蛋白品质和蛋的新鲜程度，是国际上评定蛋的品质的常用方法。哈夫单位计算公式为：

$$(Hu) = 100\lg(H - 1.7W^{0.37} + 7.57)$$

式中 Hu——哈夫单位；

H——浓厚蛋白的高度（mm）；

W——蛋重（g）。

新鲜蛋的哈夫单位在80以上。当哈夫单位小于31时为次品蛋。在实际工作中，可根据实测的蛋重与蛋白高度从哈夫单位计算表中查出。

5. 系带状况 正常新鲜的蛋的系带粗、白、有弹性，紧贴在蛋黄两端，将蛋黄固定在蛋的中央。陈蛋的系带细而无弹性，甚至消失。

6. 蛋内容物的气味 质量正常的蛋，打开后呈轻微蛋腥味；腐败蛋在蛋壳外面或打开后能闻到氨及硫化氢的臭气味。新鲜蛋煮熟后，蛋白白色无味，蛋黄有香味。

7. 胚胎状况 受精蛋受热后，胚胎易膨大，产生血环，出现树枝状的血管；未受精的蛋受热后，胚胎（珠）发生膨大现象。

二、蛋的质量标准

我国《鲜蛋卫生标准》（GB 2748—2003）规定，鲜蛋质量标准分为感官指标、理化指标。

1. 感官指标 鲜蛋应具有禽蛋固有的色泽，蛋壳清洁、无破裂，打开后蛋黄凸起、完整、有韧性，蛋白澄清透明、稀稠分明；具有产品固有的气味，无异味；无杂质，内容物不得有血块及其他组织异物。冷藏鲜鸡蛋经冷藏后其品质应符合鲜鸡蛋标准；化学贮藏蛋经化学方法贮藏后，其品质也应符合鲜蛋标准。

2. 理化指标 鲜蛋的理化指标见表9-1。

表 9-1 鲜蛋的理化指标

项 目	指 标	项 目	指 标
无机砷（mg/kg）	≤0.05	镉（mg/kg）	≤0.05
铅（mg/kg）	≤0.2	总汞（以 Hg 计）（mg/kg）	≤0.05
六六六（mg/kg）	≤0.1	滴滴涕（mg/kg）	≤0.1

3. 内销鲜蛋的分级标准 根据我国国内贸易部的行业标准《鲜鸡蛋》（SB/T 10277—1997）规定，鸡蛋分为三个等级，以蛋重为主要衡量标准，感官指标为辅，见表 9-2 和表 9-3。

表 9-2 鲜鸡蛋分级标准

项目	指 标		
	一级	二级	三级
10 枚蛋重/（g）	≥625	≥500	<500
每千克枚数	≤16	17～20	≥21
蛋壳	清洁，有壳外膜，不破裂，蛋形正常，色泽鲜明	清洁，不破裂，蛋形正常	不破裂
气室	完整，高度不超过 7mm，无气泡	完整，高度不超过 7mm，无气泡	可移动，高度不超过 9mm，无气泡
蛋白	浓厚	浓厚	较浓厚，允许有少量血斑
蛋黄	居中，轮廓明显，胚胎未发育，蛋黄指数≥0.40	居中，轮廓明显，胚胎未发育，蛋黄指数为 0.39～0.36	居中或稍偏，轮廓显著，胚胎未发育，蛋黄指数≤0.35

注：1. 同等级的蛋中所含的邻级蛋的总数不超过 10%；
2. 每千克鲜蛋计量允许差值±10g；
3. 蛋黄指数指标为参照指标。

表 9-3 冷藏鲜鸡蛋分级标准

项目	指 标		
	一级	二级	三级
10 枚蛋重（g）	≥625	≥500	<500
每千克枚数	≤16	17～20	≥21
蛋壳	清洁，不破裂，外形正常，色泽鲜明	清洁，不破裂，外形正常，色泽鲜明	清洁，不破裂，外形正常，色泽鲜明
气室	完整，高度不超过 9mm，无气泡	完整，高度不超过 9mm，无气泡	移动，高度不超过 9mm，或有气泡
蛋白	浓厚	较浓厚	较浓厚或稀薄，允许有少量血斑
蛋黄	居中或稍偏，轮廓明显，胚胎未发育，蛋黄指数≥0.30	稍偏，轮廓明显，胚胎未发育	游离，轮廓显著不与蛋白相混

注：1. 同等级的蛋中所含的邻级蛋的总数不超过 10%；
2. 每千克鲜蛋计量允许差值±10g；
3. 蛋黄指数指标为参照指标。

4. 出口鲜蛋的质量标准 出口贸易中，对不同国家和地区，其分级标准有所不同，国家进出口商品检验局 SN/T 0422—95 规定，我国出口鲜鸡蛋、冷藏鲜蛋的质量要求为：品质新鲜，蛋壳整洁，蛋白浓厚或稍稀薄，蛋黄居中或稍偏。即时出口鲜蛋气室固定，高度低于 7mm，气室波动不超过 3 mm，冷藏蛋气室高度低于 9 mm，气室波动不超过蛋高的 1/4。各种破损蛋、次劣蛋、污壳蛋不得出口。质量分级标准见表 9-4。

表 9-4 出口蛋质量分级标准

单位：kg

类别	级别	指标
鸡蛋	特级	每箱 300 枚，净重不低于 19.5kg，任取 10 枚蛋的质量不低于 650g
	超级	每箱 300 枚，净重不低于 18.0kg，任取 10 枚蛋的质量不低于 600g
	大级	每箱 300 枚，净重不低于 16.5kg，任取 10 枚蛋的质量不低于 550g
	一级	每箱 360 枚，净重不低于 18.0kg，任取 10 枚蛋的质量不低于 500g
	二级	每箱 360 枚，净重不低于 16.2kg，任取 10 枚蛋的质量不低于 450g
	三级	每箱 360 枚，净重不低于 14.4kg，任取 10 枚蛋的质量不低于 400g
鸭蛋	一级	每箱 300 枚，净重不低于 22.5kg，任取 10 枚蛋的质量不低于 750g
	二级	每箱 300 枚，净重不低于 19.5kg，任取 10 枚蛋的质量不低于 550g
	三级	每箱 300 枚，净重不低于 16.5kg，任取 10 枚蛋的质量不低于 400g

注：同等级的蛋中所含的邻级蛋的总数不超过 10%。

三、蛋的品质鉴定

在收购、贮存、加工、销售、出口时，都要求对蛋进行严格检验，目前广泛采用的不破壳鉴别方法有两种，即感官鉴别和光照鉴别，必要时还要进行理化和微生物检验。

1. 感官检查法 感官检查法主要是通过看、听、摸、嗅来进行。

看是看蛋壳是否新鲜、清洁，有无破损和异样。

听是通过对蛋的敲击或振摇来鉴别蛋的新鲜度。方法是：左手拿 2～3 枚蛋用手指轻轻回旋相敲或用右手指甲在蛋上轻轻敲击，如果声音坚实，似碰击砖头，则为新鲜蛋；如果声音沙哑，则为裂纹蛋，如果大头有空洞声则为空头蛋；如果声音尖脆，则为钢皮蛋；如果发音似瓦片声，则为雨淋蛋。振摇法是将鲜蛋拿在手中振摇，没有声响的为新鲜蛋，有声响的为散黄蛋。

摸主要是靠手感。新鲜蛋的蛋壳比较粗糙，附有一层无光带霜状薄膜，有“沉”的压手感觉；孵化蛋的蛋壳表面光滑；霉蛋和贴皮蛋的外壳发涩。

嗅就是用鼻子闻。新鲜的鸡蛋无气味，新鲜的鸭蛋则有淡淡的鸭腥味，若有异味或臭味则为霉蛋或臭蛋。

2. 光照法 光照法就是利用蛋壳的透光性采用各种光源来鉴别蛋的方法。根据光源的不同又分为日光鉴别、灯光鉴别、机械传送带照蛋、电子自动照蛋法等。

新鲜蛋光照时，蛋内容物透亮，并呈淡橘红色。气室极小，高度不超过 5mm，略微发暗，不移动，蛋白浓厚澄清，无色、无杂质，蛋黄居中，呈现朦胧的暗影。蛋转动时，蛋黄也随之转动，其胚胎看不出，系带在蛋黄两端，呈淡色条状带，通过照蛋，还可以看出蛋壳上有无裂纹，蛋内有无血丝、血斑、肉斑、异物等。各种照蛋器见图 9-1。

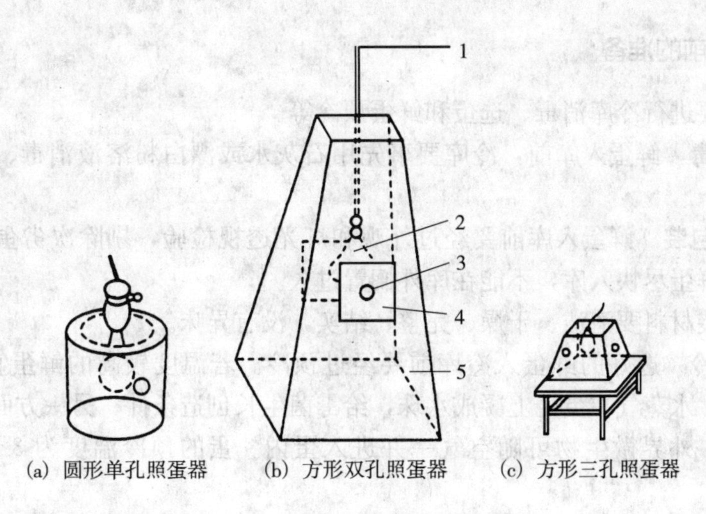

(a) 圆形单孔照蛋器　(b) 方形双孔照蛋器　(c) 方形三孔照蛋器

图 9-1　各种照蛋器示意

1. 电源　2. 灯泡　3. 照蛋孔　4. 胶皮　5. 木匣

3. 相对密度鉴别法　相对密度鉴别法主要是用盐水来测定蛋的相对密度，判断蛋的新鲜度的方法。测定方法是将蛋置于食盐溶液中，蛋不上浮的食盐溶液的相对密度即为该蛋的相对密度。优质蛋的相对密度为 1.08 以上，低于 1.05 者为陈蛋。

4. 荧光鉴别法　荧光鉴定法是用紫外光照射，观察蛋对光谱的变化来鉴别蛋的新鲜度。随着蛋的新鲜度降低，荧光反应变化依次为：深红色，红色，粉红色，紫红色，紫色。

第二节　蛋的贮藏保鲜

禽蛋是一个活的生命体，脱离母体后受到外界物理、化学和微生物等诸多因素的影响，易发生一系列理化变化和微生物变化，降低蛋的品质。在贮藏过程中，由于蛋壳上有气孔，蛋内容物中的水分不断蒸发，使蛋的质量减轻，气室随之增大；浓厚蛋白逐渐变稀，溶菌酶减少，蛋的耐贮藏性也大为降低，蛋白中的水分还向蛋黄中渗透，蛋黄膜强度降低，使蛋黄变大变扁平，直至破裂；随着蛋的存放时间延长，微生物侵入蛋内生长繁殖，使蛋腐败变质。

目前禽蛋的贮藏保鲜方法很多，主要有冷藏法、涂膜法、液浸法、气调法、干藏法等。

一、冷 藏 法

冷藏法贮藏的原理是利用低温来延缓蛋内的蛋白质分解，抑制蛋内酶的活性，延缓蛋内生化变化，抑制微生物生长繁殖，达到较长时间保存鲜蛋的目的。

（一）冷藏前的准备

冷藏前需要进行冷库消毒、选蛋和鲜蛋预冷等。

1. **冷库消毒**　鲜蛋入库前，冷库要事先用石灰水或漂白粉溶液消毒、打扫清洁、通风换气。

2. **选蛋、包装**　鲜蛋入库前要经过外观和灯光透视检验，剔除次劣蛋和破损蛋。符合贮藏条件的鲜蛋尽快入库，不能在库外搁置过久。

鲜蛋的包装材料要清洁、干燥、完整、结实，没有异味。

3. **鲜蛋预冷**　选好的鲜蛋入冷库前要经过预冷。若温度较高的鲜蛋直接送入冷库，会使库温上升，水蒸气在蛋壳上凝成水珠，给霉菌生长创造条件；另一方面，蛋的内容物遇骤冷易收缩，外界微生物可随空气一并进入蛋内。蛋的预冷温度为3～4℃，时间为24h。

（二）冷藏期间管理

鲜蛋冷藏库内要通风，蛋箱离墙20～30cm，垛间距10cm左右，便于检查。鲜蛋冷藏期间，切忌与有异味的物质放在同一冷库内。

鲜蛋冷藏最适宜的温度为－2～－1℃，最低不能低于－3.5℃，相对湿度以80%～85%为宜。库内温度要恒定，变化幅度不能超过±0.5℃。

一般每隔1～2个月检查一次，每次开箱2%～3%的鲜蛋抽查。检查的方法是感官检查与灯光透视相结合。为了防止蛋黄贴壳，2～3个月要翻箱一次。

（三）出库

冷藏鲜蛋出库前需逐步升温，使蛋温升至比外界温度低5℃左右才可出库。以防蛋壳遇热表面凝成一层水珠，加速蛋的变质。

冷藏法保鲜禽蛋已被国内外广泛应用，本法操作简单，管理方便，贮藏保鲜效果较好，一般贮藏6～8个月品质不会有明显变化。

二、涂膜法

鸡蛋表面带有大量对人体有害的细菌，特别是沙门菌等致病微生物会通过蛋壳上的气孔进入蛋内并大量繁殖，严重影响蛋品质量。禽蛋产出后，经过清洗、消毒、干燥、涂膜、包装等工艺处理的鲜蛋称洁蛋、净蛋。洁蛋表面卫生、洁净，极大地提高了鲜蛋品质和安全性，具有较长的保质期。

涂膜贮藏法的原理是在鲜蛋表面均匀地涂上一层涂膜剂，堵塞蛋壳气孔，阻止微生物的侵入，减少蛋内水分和二氧化碳的挥发，延缓鲜蛋内的生化反应速度，达到较长时间保持鲜蛋品质和营养价值的目的。同时，由于涂膜后增加了蛋壳的坚实度，可以降低运输过程中的破损率，具有较高的实用价值和经济效益。

1. **选蛋**　必须选用新鲜的蛋，并经光照检验，剔去次劣蛋。夏季最好用产后1周以

水玻璃贮蛋半个月左右，溶液呈白灰色，略有混浊，有白色絮状物贴在蛋壳外为正常。若溶液为粉红色，分为浓厚浆糊与水两层，是贮藏温度偏高所致，应及时将蛋捞出洗净。

2. 石灰水贮藏法　石灰水贮蛋的原理是石灰水的液面与空气中的二氧化碳反应生成一层碳酸钙膜，石灰水与禽蛋呼出的 CO_2 作用生成的碳酸钙沉积在蛋壳表面，堵塞了蛋的气孔，防止微生物侵入，抑制了蛋的呼吸和酶的活性。

石灰水浸泡法具体操作是：取生石灰 3kg，投入 100kg 清水中，搅拌使其充分溶解，静置冷却后，取澄清液备用。将检验合格、洗净、晾干的鲜蛋轻轻放入盛有石灰水的缸中，在 10～15℃下可保藏 4～5 个月。

此法操作简便，费用低廉，不仅适宜于大批量贮存，而且也适用于小企业或家庭作坊贮蛋。但贮存的蛋蛋壳发暗，煮时易碎。

3. 混合液体贮藏法　混合液体贮藏法是目前已在一些城乡推广应用的蛋的保鲜方法，用此法贮藏禽蛋 8～10 个月，其品质仍无明显变化。

混合液体的主要组成是石灰、石膏、白矾。配制混合溶液的方法是每 50kg 清水加生石灰 1.5kg、石膏 0.2kg、白矾 0.15kg。配制时，由于白矾、石膏质地较硬，不易溶解，应先将它们碾成粉末，过筛后混合均匀备用，并将石灰打碎去渣后加入 10～15kg 水中，经 12h 左右溶解后，再用 35～40kg 水将已乳化的石灰水隔筛冲滤到缸内，除去杂质，边搅拌边加入白矾石膏混合粉，直至粉末全部溶化。水溶液自然澄清后，即可放入检验合格、洗净、晾干的蛋，并在缸（池）上加盖，在 10～15℃下贮藏。鲜蛋浸泡后 1～2d 内混合液的液面上会形成一层薄膜，可隔绝外界空气和微生物侵入。若液面薄膜凝结不牢或有小洞不凝结，并闻到石灰气味，应按每 50kg 混合液补加 2.5kg 左右的石膏和白矾，如仍不能改变上述情况，应及时把蛋捞出。出缸后的蛋晾干即可，蛋表面洁净光亮，再放置一个月左右仍不变质。

复习思考题

1. 鉴定禽蛋新鲜度的指标有哪些？
2. 试述感观鉴定禽蛋新鲜度的方法。
3. 简述冷藏法和涂膜法对蛋的保鲜原理和技术要点。
4. 什么叫洁蛋？简述洁蛋的工艺操作。

第十章

蛋制品加工

学习目标

了解蛋制品加工中各种原辅料的选择和使用方法；掌握各种蛋制品的加工原理、加工工艺及操作要点。

第一节　皮蛋加工

皮蛋又名松花蛋、彩蛋、碱蛋、变蛋。皮蛋根据蛋黄的硬度不同可分为两种：一种是硬心皮蛋（俗称湖彩蛋），一种是溏心皮蛋（俗称京彩蛋）。用来加工皮蛋的原料主要是鸭蛋，鸡蛋次之。皮蛋剥壳后，蛋白为茶色的胶冻状，常有松针状的结晶或花纹，故名松花蛋。蛋黄可以明显地分为几层不同的颜色，有墨绿色、土黄色、灰绿色、橙黄色等，五彩缤纷，所以又称彩蛋。

禽蛋加工成皮蛋后，营养价值相对提高，由于各种辅料的作用，使蛋内蛋白质和脂肪分解，不仅具有独特的风味，而且更易被人体消化和吸收。

一、皮蛋加工原理

皮蛋的形成虽然是各种辅料共同作用的结果，但主要是当鲜蛋以料液或包以料泥后，蛋内的蛋白质与辅料中的石灰、纯碱和水化合生成氢氧化钠作用的结果。在蛋白与蛋黄凝固过程中，首先经过了蛋白稀化，然后蛋白逐渐变浓稠而凝固的过程，即为化清和凝固阶段；接着进入转色阶段和皮蛋成熟阶段。

（一）化清阶段

氢氧化钠是强碱性物质，它通过蛋壳进入蛋内，使蛋白质分子发生变性，蛋白从黏稠液化成稀薄的透明水样溶液，俗称“化清”，化清的蛋白仍具有热凝固性。化清期蛋中的含碱量为4.4～5.7mg/g。

蛋黄不经过化清，当蛋黄中的含碱量达到2～3mg/g时，蛋黄中的脂肪发生皂化而凝固，凝固层从外向内逐渐加厚。在蛋白化清期间，蛋黄有轻度凝固（鸡蛋、鸭蛋的蛋黄凝固厚度约0.5mm）。

（二）凝固阶段

随着蛋内氢氧化钠含量的不断增加，完全变性的蛋白质分子互相穿插、聚积，氢键断开，亲水基团增加，蛋白质与水结合形成新的聚集体，溶液中的自由水又变成了结合水，直到完全凝固形成弹性极强的凝胶状。蛋白胶体呈无色或微黄色，蛋黄凝固1～3mm。在此期间蛋内含碱量达到最高，为6.1～6.8mg/g。

食盐中的Na^+、石灰中的Ca^{2+}、草木灰中的K^+及茶叶中的单宁物质等都会促使蛋中的蛋白质凝固和沉淀，使蛋黄凝固和收缩。此阶段的反应较缓慢，可引起蛋白质分解，形成多种氨基酸。

（三）呈色阶段

此阶段的蛋白、蛋黄均开始产生颜色变化，蛋白呈深黄色透明胶体状，蛋黄呈草绿色、茶色、橙红色等五彩缤纷的颜色，且蛋黄凝固5～10mm，转色层为2mm左右。此时，蛋白含碱量降低到3.0～5.3mg/g，如果含碱量超过这个范围，就会出现凝固的蛋白再次液化成深红色的水溶液状态，成为“碱伤蛋”。

1. 蛋白呈褐色或茶色　蛋白变成褐色是由于蛋内微生物和酶的分解作用，产生氨基酸，蛋白中的游离态糖类与氨基酸发生美拉德反应产生了褐色物质，使蛋白呈褐色或茶色。

2. 蛋黄呈草绿色或墨绿色　蛋黄中含硫较高的卵黄磷蛋白和卵黄球蛋白在强碱的作用下，水解产生胱氨酸和半胱氨酸，提供了活性的硫氢基和二硫基与蛋黄中的色素和蛋内的Zn^{2+}、Cu^{2+}、Fe^{2+}和Fe^{3+}等金属离子结合，使蛋黄变成草绿色或墨绿色，有的变成黑褐色，蛋黄中的色素物质在碱性条件下，受硫化氢的作用会变成绿色。此外，红茶中的色素也有着色作用。

皮蛋出缸后，如未及时包上料泥或涂膜，蛋内的硫化氢气体挥发后就会使皮蛋褪色变成“黄蛋”。

温度对于皮蛋的色泽形成十分关键，当皮蛋形成的温度在16～38℃之间时，温度越高，蛋黄的颜色形成得越快越多。当平均温度在16℃以下时，皮蛋蛋黄的颜色随之减少，成为色不全次品；如果温度高于38℃，皮蛋就不转色了，成为次品黄蛋。若黄皮蛋的溏心较大，在适当的温度和湿度下存放半个月左右，仍可产生黑色、绿色、褐色等颜色；若黄皮蛋溏心较小，即使放在适当的温度和湿度下发出了一些颜色，在贮藏2个月左右后又会褪色成黄色，且皮蛋的口感较硬。

（四）成熟阶段

经过一系列的生物化学变化，当蛋白全部转为褐色的半透明凝胶体，具有一定的弹性，并出现松花状结晶；蛋黄凝固层变为墨绿色或多种色层，中心呈溏心或硬心状；蛋具备了皮蛋特有的鲜香、咸辣、清凉爽口的风味，即为成熟。

1. 松花形成　蛋壳和蛋壳膜中的Mg^{2+}可被料液溶解进入蛋内，当蛋内的Mg^{2+}浓度达到足以同OH^-结合形成氢氧化镁时，就在蛋白上形成纤维状水合晶体，即为“松花”。

2. 溏心形成　料液中的Zn^{2+}、Cu^{2+}、Fe^{2+}和Fe^{3+}等金属离子与蛋内的S^{2-}形成难溶

的硫化锌、硫化铜等，堵塞蛋壳和蛋壳膜上的气孔，从而阻止氢氧化钠溶液过多向蛋内渗透，导致蛋黄中碱的浓度较低，使其不能完全凝固而形成了溏心。

3. **风味形成** 由于蛋内的蛋白质在碱性条件下受微生物和酶的分解产生多种氨基酸，其中有较多的谷氨酸，使皮蛋具有鲜味；氨基酸氧化产生酮酸，使皮蛋具有辛辣味；蛋黄中的含硫蛋白质分解产生少量的氨和硫化氢，有一种淡淡的臭味和清凉的口感；此外，食盐的咸味和茶叶的香味，使皮蛋形成了鲜香、咸辣、清凉爽口的独特风味。

二、原辅料的选择

（一）原料蛋

加工皮蛋一般采用鸭蛋，而且鸭蛋的新鲜度是决定皮蛋质量的一个重要因素。在加工前须对鸭蛋逐个进行感官鉴定，照蛋、敲蛋、分级，要求鸭蛋新鲜，蛋壳坚固完整。

（二）辅料

虽然皮蛋加工的方法与配方很多，但所用的辅料基本相同，大都采用纯碱、生石灰、草木灰、黄泥、茶叶、食盐、氧化铅、水等几类物质。

1. **纯碱** 俗名苏打，学名无水碳酸钠（Na_2CO_3），白色粉末状，和熟石灰[Ca（$OH)_2$]反应，所生成的氢氧化钠溶液对皮蛋加工起主要作用。用时必须控制用量，用量过大会使松花蛋有辛辣的碱味，甚至会发生烂头现象，如果用量过少，则会影响凝固。

2. **生石灰** 学名氧化钙（CaO），它和纯碱反应，产生氢氧化钠和碳酸钙。生石灰的用量以和纯碱反应生成足够的氢氧化钠为度。用于加工松花蛋的石灰要求色白、体轻，加水后能产生强烈气泡，迅速裂化成粉末状。优质石灰中氧化钙的有效含量不应低于75%。

3. **茶叶** 茶叶中的鞣质色素、单宁、芳香油、生物碱等不仅对蛋白起增色作用，还能使皮蛋口味清香，最经济实用的是红茶末。

4. **食盐** 食盐可使鲜蛋凝固、收缩、离壳，还具有增味、提高咸度及防腐作用。食盐对松花蛋的品质有一定影响，一般以料液中含有3%～4%的食盐为宜。加工皮蛋要求食盐中氯化钠的含量在96%以上。

5. **多价金属盐类** 料液中的金属离子进入蛋壳时，遇到蛋内蛋白质分解产生的硫化氢或含硫有机物时，生成难溶的硫化物，这些难溶性硫化物将堵塞蛋壳气孔，控制碱过多渗入，防止皮蛋碱伤，使皮蛋的蛋白不粘壳，并使皮蛋成熟期趋于一致，保证产品质量的稳定。传统皮蛋制作中一般都加入一定量的氧化铅，致使成品中含有微量铅。现在常用锌盐、铜盐、铁盐代替氧化铅，这样既消除了铅对人体的危害，又补充了人体不可缺少的元素，在同等条件下皮蛋成熟期可缩短1/4（锌、铜法25～35d，铅法35～45d）。一般这些盐类的用量为料液的0.2%～0.3%。但单独的铜盐皮蛋风味不如铅皮蛋，且蛋壳表面往往带有硫化铜斑点，不够美观；单独使用锌盐加工出的皮蛋易出现轻微碱伤现象；单独使用铁盐效果较差，皮蛋会出现严重碱伤现象。用锌铁混合法和锌铜混合法都能加工出质量优良的皮蛋，产品完全保持了传统加铅皮蛋的特色。因氢氧化铜的热稳定性较差，使用铜盐时应当在较低料液温度下加入。

6. **草木灰** 草木灰中含有碳酸钾，是弱碱性，能促进松花蛋的凝固。

7. **干黄泥** 黄泥黏性强，与其他辅料混合后呈碱性，不仅可防止细菌侵入，而且可以保持成品质量的稳定性。

8. **水** 使用的水质要符合国家卫生标准。通常要求用沸水，不仅具有杀菌作用，而且能加快皮蛋的成熟。

三、溏心皮蛋加工

溏心皮蛋一般采用浸泡法，工艺流程如图 10-1。

1. **配料、制料** 皮蛋加工参考配方见表 10-1。

表 10-1 溏心皮蛋加工参考配方 单位：kg

配方	开水	纯碱	氢氧化钠	生石灰	食盐	红茶末	硫酸锌	硫酸铜	硫酸亚铁
配方一	100	7.2	—	20	3.5	3.0	0.2	0.075	—
配方二	100	6.5	—	21	4.0	3.0	0.2	—	0.2
配方三	100	6.25	—	15	4.2	3.0	0.2	0.1	—
配方四	100	—	5.0	0.5	3.0	3.0	0.2	—	0.2

配制料液时先把茶叶投入缸内，加入沸水，然后放入石灰和纯碱，充分搅拌后捞出未溶解的石灰渣，按清除的石灰渣量补足生石灰。取少量料液于研钵内，放入硫酸锌、硫酸铜等盐类，研磨使其溶解，再倒入料液中，最后加入食盐，搅拌均匀，冷却备用。

2. **料液的检测** 用 5ml 吸管吸取澄清料液 4ml，注入 300ml 的三角烧瓶中，加水 100ml，加 10%氯化钡溶液 10ml，摇匀后静置片刻，加 0.5%酚酞指示剂 3 滴，用 1mol/L 的盐酸标准溶液滴定至溶液的粉红色恰好消褪为止。消耗的盐酸标准溶液的毫升数即相当于氢氧化钠含量的百分数。料液中的氢氧化钠含量要求达到 4%左右，若浓度过高应加水稀释，若浓度过低应加烧碱提高料液的 NaOH 浓度。不具备化学分析条件的企业，可采用蛋白凝固试验方法。取配制好的料液少许于碗内，把鲜蛋放入其内，15min 后观察，若蛋白已凝固、有弹性，再经 1h 后，蛋白化成稀水，说明料液碱度合适；若 30min 内蛋白即化成稀水，表示料液的碱度过大；若蛋白 15min 后仍不凝固，或虽凝固但过 1h 不化为稀水，表示料液碱度不足。

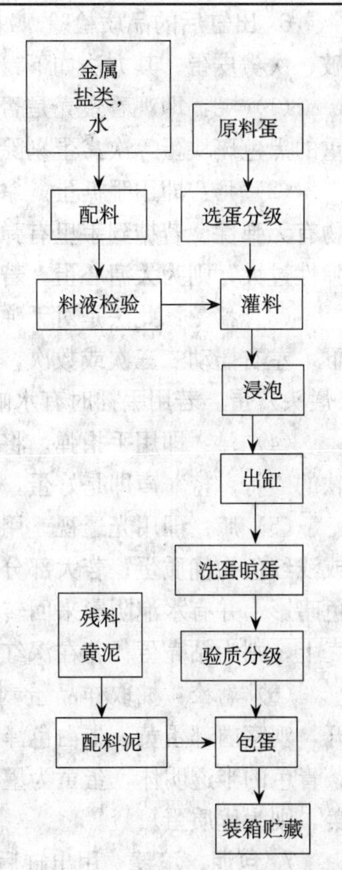

图 10-1 溏心皮蛋加工工艺流程

3. **装缸、灌料** 放蛋入缸时，要轻拿轻放，层层摆实，大约装至距缸口 6～10cm 处，将冷却到 18～22℃的料液徐徐灌入缸内，直至鸭蛋全部被料液淹没，加上竹箅盖，以免鸭蛋漂浮起来。

4. **腌制期管理** 在皮蛋浸泡期间，温度应控制在18～25℃，定期抽样检查。

（1）第一次检查。浸泡后5～6d（冬季6～10d）进行破壳检查，此时蛋白液应呈清水样，蛋黄无变化。若蛋白还如鲜蛋一般，说明料液的NaOH含量太低，应及时补加。

（2）第二次检查。浸泡15d左右进行剥亮检查，此时蛋白已凝固，表面光洁，颜色褐中带青。蛋黄也开始凝固并变成褐绿色。

（3）第三次检查。浸泡20～25d左右剥壳检查，此时蛋白凝固很光洁，不粘壳，呈棕黑色，蛋黄呈褐绿色，蛋黄中心呈淡黄色溏心。若发现蛋白烂头、粘壳现象，说明料液氢氧化钠浓度过高，要提前出缸；如发现蛋白软化，不坚实，表明料液碱性过低，应稍推迟出缸。

（4）第四次检查。即出缸检查。出缸前取数枚皮蛋，用手颤抛，皮蛋回到手心时有震动感，用灯光透视，蛋内呈灰黑色。剥壳检查，蛋白凝固光滑，不粘壳，呈墨绿邑，蛋黄中央呈溏心。此时可出缸。

溏心皮蛋的成熟时间一般为20～40d。气温低，浸泡时间长些；气温高，浸泡时间短些。

5. **出缸、洗蛋和晾蛋** 经检查已成熟的皮蛋要立即出缸，拣出破、次、劣蛋，洗去蛋壳上的黏附物，将水沥净晾干后送检。

6. **出缸后的品质检验** 冲洗晾干后的皮蛋，在包装前要进行品质检验、分级，剔除破、次劣皮蛋，其方法如下：

（1）观：即观看蛋壳是否完整，壳色是否正常。将破损蛋、裂纹蛋、黑壳蛋及比较严重的黑色斑块蛋等次劣蛋剔除。

（2）掂：即用手掂蛋。拿一枚松花蛋放在手上向上轻轻抛丢两三次或数次，试其内容物有无弹性。若掂到手里有弹性并有沉甸甸的感觉为优质蛋；若微有弹性为无溏心；蛋若弹性过大，则为大溏心蛋。若无弹性感觉时，则需要进一步用手摇法鉴别其质量。

（3）摇晃：此法是对无弹性蛋的补充检查。用拇指中指捏住松花蛋的两端，在耳边上下，左右摇动二三次或数次，听其有无水响或撞击声。若无弹性，水响声大，则为大糟头（烂头）蛋。若用手摇时有水响声，则为水响蛋，即劣蛋。

（4）弹：即用手指弹。将皮蛋放在左手掌中，用右手食指轻轻弹打蛋的两端，若为柔软的“特、特”声即是好蛋，若为生硬的“得、得”声则是劣蛋。

（5）照：即用光透视。用灯光透视，若蛋内大部分呈黑色（深褐色），小部分呈黄色或浅红色为优质蛋；若大部分或全部呈黄褐色透明体，则为未成熟的松花蛋；若内部呈黑色暗影，并有水泡阴影来回转动，则为水响蛋；若一端呈深红色，且蛋白有部分粘贴在蛋壳上，则为粘壳蛋；若在深红部分有云状黑色溶液晃动着，则为糟头（烂头）蛋。

（6）剥检：抽取样品蛋剥壳检验，先观察外形、色泽、硬度等情况，再用刀纵向切开，观察内部蛋黄、蛋白色泽情况，最后进行品尝。若蛋白光洁，离壳好，呈现褐棕色或茶青色的半透明体，蛋黄为墨绿色或草绿色，蛋黄心为橘黄色小溏心，气味芳香，口味香美，则为优质蛋。

7. **包泥、滚糠** 用出缸后的残料加30%～40%经干燥、粉碎、过筛的细黄泥调成浓厚浆糊状，包泥，然后滚糠。

8. 入缸、密封　把包好的蛋入缸或坛内，装满后用泥密封缸或坛口，即可入库贮存。

采用液体石蜡、聚乙烯醇等涂膜技术代替泥糠包涂工艺，皮蛋光洁卫生，利于贮藏，深受国内外消费者的欢迎。

四、硬心皮蛋加工

硬心皮蛋是用调制好的料泥直接包裹在蛋上，再滚上一层稻壳后装缸、密封，待成熟后出缸即可。

1. 料泥配制　料泥配方：植物灰 30kg、水 30～48kg、纯碱 2.4～3.2kg、生石灰 12kg、红茶末 1～3kg、食盐 3～3.5kg。

先将茶叶末置于锅内加水煮沸，加入石灰，全部溶解后再投入纯碱及食盐，经充分搅拌后捞出不溶物，补足捞出的石灰渣量，再将植物灰倒入拌匀。待泥料开始发硬时，将料泥分块摊开冷却。次日，将冷却的料泥用和料机或人工搅打至发黏的糨糊状态即可。

2. 验料　简易验料法是取小块料泥于碟内抹平，将少量蛋白滴于料泥上，10min 后用手摸蛋白呈粒状或片状凝固，有黏性、弹性即为碱度正常。化学检验法要求料泥中氢氧化钠为 6%～8%，氯化钠为 2.7%～4.5%，水分为 36%～43%。

3. 包泥、装缸　将检验合格、洗净的鲜蛋用料泥包裹、搓圆，要求厚薄均匀，一般每个蛋用泥 30～32g。然后滚粘上一层稻壳，防止蛋互相黏结。

包好的蛋应及时放入缸内，装至离缸口约 5cm 为宜。

4. 封缸、成熟　可用塑料薄膜盖缸口，用细麻绳捆扎，再盖上缸盖。也可用牛皮纸封口，再用血料密封。

装好的缸不能移动，皮蛋成熟的室温以 15～25℃为宜，春季 60～70d、秋季 70～80d 便可出缸。

5. 出缸、检验　皮蛋出缸后要进行检验。要求料泥完整，稻壳湿润呈金黄色，无霉变。敲蛋时响声正常，略有弹颤感。蛋壳不破裂。去壳后，蛋形完整，蛋白有弹性，光润半透明，呈棕褐色、黑绿色或茶褐色，有松花。蛋黄呈暗绿色、茶色、橙色的硬心，亦可以为溏心。口味醇香略咸，略带辛辣味，不夹口，无异味。

第二节　咸蛋加工

咸蛋又名盐蛋、腌蛋、味蛋等，主要用鸡蛋和鸭蛋加工。其中江苏高邮咸鸭蛋以“鲜、细、嫩、松、沙、油”六大特点而驰名中外，其切面黄白分明，蛋白粉嫩洁白，蛋黄橘红油润无硬心，食之鲜美可口。咸蛋的腌制方法有草灰法、盐泥涂布法、盐水腌渍法、泥浸法、包泥法等。这些主要用食盐腌制而成，一般食盐的浓度在 20%左右。

一、咸蛋加工原理

咸蛋的加工原理就是利用一定浓度的食盐溶液渗透到蛋内，抑制了微生物和酶的活性，延缓了蛋的腐败变质速度，并使蛋具有独特的风味；同时，食盐可以使蛋黄中的蛋白质发生凝固，导致蛋黄中的脂肪聚集于中心，使蛋黄出油。

二、原辅料的选择

（一）原料

加工咸蛋一般用鸭蛋，也可用鸡蛋或鹅蛋。要求原料蛋要经过严格检验，蛋壳洁净、完整、新鲜。由于鸭蛋中脂肪含量高，蛋黄中色素也较多，因此用鸭蛋加工咸蛋，蛋黄呈鲜艳油润的橘红色，成品风味最佳。

（二）常用辅料

1. **食盐** 食盐是加工咸蛋的主要辅料。要求食盐中氯化钠含量在96%以上，色白、纯正、无杂质，无苦涩味。

2. **黄泥** 与食盐、水、草木灰混合作为包裹蛋的材料，使食盐能够长期均匀地对蛋起作用。要求黄泥干燥、无杂质、无异味，含腐殖质少。

3. **草木灰** 不仅具有和黄泥相同的作用，而且还可减少蛋的破损，便于贮运和销售。要求草木灰干燥、无霉变、无杂质、无异味、质地细腻。

4. **水** 生产上加工咸蛋可直接使用清洁的自来水或冷开水。

三、咸蛋加工工艺

（一）草灰法

草灰法就是用稻草灰、食盐、水调成糊包裹在蛋的表面对蛋进行腌制的方法。我国出口的咸蛋大都采用此法。用草灰法腌制咸蛋的工艺流程见图 10-2。

1. **配料** 生产咸蛋的配料标准各地不尽相同，在不同的季节也应适当调整食盐的用量。各地在不同季节加工咸蛋的配方见表 10-2。

表 10-2 各地加工 1 000 枚咸蛋的配方 单位：kg

配料＼地区	江苏	江西	湖北	四川	浙江	北京
稻草灰	20	15～20	15～18	22～25	17～20	15
食盐	6	5～6	4～5	7.5～8	6～6.5	4～5
清水	18	10～13	12.5	12～13	14～18	12.5

2. **打浆** 先将食盐倒入水中并充分搅拌使之溶解，然后将盐水倒入打浆机中，再加入配方中 2/3 的草木灰进行搅拌，使草灰和食盐水均匀混合，再将剩余的 1/3 草木无机盐分 2～3 次加入，并充分搅拌，直至呈均匀的浓浆状，放置一夜即可使用。

3. **提浆、裹灰** 将挑选合格的蛋在灰浆中翻转一次，使蛋壳表面粘上一层约 2mm 的灰浆，再将其在干草灰中滚一下，裹上一层约 2mm 的草灰。最后用手压实、捏紧，使其表面平整，均匀一致。

4. **装缸（袋）密封**　经提浆裹灰后的蛋要尽快装缸（袋）密封，装缸（袋）时要注意轻拿轻放，摆放整齐，防止灰浆脱落影响产品质量。

5. **成熟与贮存**　一般夏季 20～30d，春秋季 40～50d 即可成熟。成熟后应放在 25℃ 以下，相对湿度 85%～90% 的库内贮存，贮存期 2～3 个月。

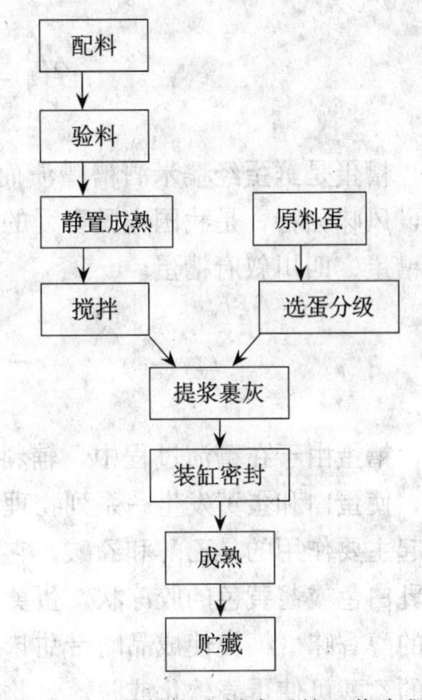

图 10－2　草灰法腌制咸蛋的工艺流程

（二）盐水浸渍法

盐水浸渍法就是将蛋直接浸泡在盐水中，让其自然成熟的一种腌制方法。用盐水浸泡腌制咸蛋，其用料少、方法简单、成熟时间短。

1. **盐水的配制**　冷开水 80%，食盐 20%，花椒、白酒、适量。将食盐用冷开水中溶解，再加入花椒、白酒，或者将清水、定量的食盐或花椒煮沸，撇去上面的泡沫杂质，待盐水凉透后，浇入白酒，即可浸泡腌制。

2. **装缸**　原料蛋用冷开水洗净晾干后轻轻放入缸内，再将上述配好的盐液沿缸边徐徐倒入缸内，用竹篦盖或木板条将蛋压实，然后用加盖密封。

3. **腌制期管理**　在咸蛋浸泡期间，要避免发生室温过高或通风不良等情况。一般室温应控制在 20～28℃，并应避免日光直晒。缸或缸口应封严。其成熟时间夏季一般为 15～20d，冬季一般 30d。腌制时间不宜过长，否则成品过咸，且蛋壳上出现黑斑，影响成品品质。

盐水浸泡的咸蛋不宜久贮，加上盐水长时间的放置会有不同程度的沉淀，从而使底部盐分较浓，咸蛋上下的咸度不均，因此不宜大批量加工。

（三）盐泥涂布法

盐泥涂布法就是用食盐水加黄土搅拌成泥浆，均匀涂布在蛋上。

1. **盐泥的配制**　鸭蛋1 000枚、食盐 6～7kg、干燥生黄土 6.5kg、冷开水 4～4.5kg。

先将食盐放在容器内，加冷开水溶解，再加入经晒干、粉碎的黄土细粉，用木棒搅拌使其成为浆糊状。

2. **泥浆浓度检验**　取一枚蛋放入泥浆中，若蛋一半沉入泥浆，一半浮于泥浆上面，则表示泥浆浓稠合适。

3. **腌制期管理**　将挑选好的原料蛋放入泥浆中，使蛋壳粘满盐泥，基本装满后将剩余的盐泥倒在蛋面上，加盖密封。咸蛋成熟所需时间，春秋季 35d 左右，夏季 20d 左右，冬季 55d 左右。

盐泥中如果加点烧酒，或用草木灰代替部分黄土，可使产品的蛋白雪白，蛋黄橘红，油多、味鲜、质嫩，且易保存。

第三节 糟蛋加工

糟蛋是鲜蛋经糯米酒糟糟渍而成的再制品。它是我国著名的传统特产食品，营养丰富，风味独特，是我国人民喜爱的食品和传统出口产品。我国历史上著名的糟蛋有浙江平湖糟蛋、四川叙府糟蛋。

一、糟蛋加工的原理

糟蛋由于在糟渍过程中，辅料中的乙醇、酸、糖和盐等通过渗透和扩散作用进入蛋内，使蛋白和蛋黄发生一系列物理和生物化学的变化，使其具有特殊浓郁的芳香气味。其中起主要作用的是乙醇和乙酸，它既能防腐，又能使蛋白和蛋黄发生凝固和变性，使蛋白呈乳白色或酱黄色的胶冻状，蛋黄呈橘红色或橘黄色的半凝固柔软状态，并使产品带有浓郁的醇香味。糖类使成品略带甜味；酸和醇的酯化反应可形成芳香的气味；制糟过程中产生的乙酸可使蛋壳软化或脱落；此外，加入的食盐具有脱水、防腐、调味、帮助蛋白质凝固和使蛋黄起油的作用。

二、原辅料的选择

1. **鸭蛋**　加工糟蛋的原料蛋主要是鸭蛋，须经过严格的感官和光照检查。一般以每1 000枚鸭蛋 65kg 以上为宜。

2. **糯米**　是加工糟蛋的主要辅料，加工 100 枚蛋需糯米 8～10kg，要求糯米米粒大小均匀、洁白，含淀粉多，脂肪和蛋白质少，无异味，杂质少。

3. **酒药**（或酒曲）　酒药是酒糟的菌种，内含根霉、毛霉、酵母等菌类，主要起发酵和糖化作用。

4. **食盐**　采用符合卫生标准的洁白、纯净的海盐。

5. **红砂糖**　加工叙府糟蛋时用红砂糖，要求总糖分（蔗糖和还原糖）不低于 89%、颜色为赤褐色或黄褐色。

6. **水**　无色、无味、透明，应符合饮用水卫生标准。

三、糟蛋加工工艺

（一）浙江平湖糟蛋

平湖糟蛋是用生蛋糟制而成的软壳蛋，成品特点是：蛋质柔软，蛋白呈乳白色的胶冻状，蛋黄呈橘红色半凝固状，色白如玉，味浓郁、醇和、鲜美，食之沙甜可口，食后余味绵绵不绝。平湖糟蛋加工的季节性较强，一般在三月至端午节。加工时需掌握好酿酒制糟、击蛋破壳、装坛糟制三个主要环节。平湖糟蛋的制作工艺见图 10-3。

1. **酿酒制糟**　酿酒制糟分为浸米、蒸饭、淋饭拌酒药及酿糟几个工序。

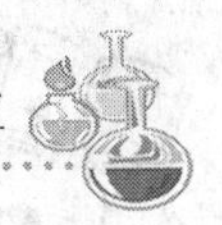

(1) 浸米。糯米是酿酒制糟的原料，投料量以100枚蛋用糯米9.0～9.5kg计算。糯米淘净后放入缸内，加入冷水浸泡。12℃下浸泡24h为宜。

(2) 蒸饭。把浸好的糯米从缸中捞出，用冷水冲洗一次，倒入蒸桶内，铺平米面。使米饭全部蒸透。蒸饭的程度以出饭率150%左右为宜。要求饭粒松散，无白心，透而不烂，熟而不黏。

(3) 淋饭。淋饭又叫淋水，即把蒸好饭的蒸桶放于淋饭架上，用冷水浇淋使米饭冷却至28～30℃。

(4) 拌酒药及酿糟。淋水后的饭，沥去水分，倒入缸中，洒上预先研成细末的酒药。酒药的用量以100kg米出饭150kg计算，需加绍药330～430g，甜酒药120～200g。还应根据气温的高低而增减用药量。1周后把酒糟拌和灌入坛内，再静置约2周，待性质稳定时方可供制糟蛋用。品质优良的酒糟色白、味香、带甜，乙醇含量为15%左右，浓度为10波美度左右。

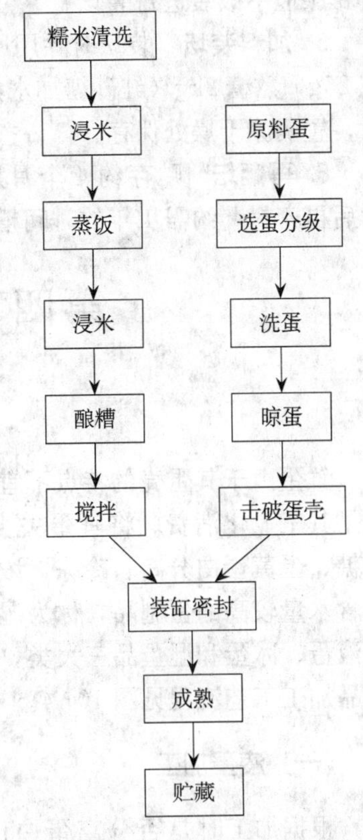

图10-3　平湖糟蛋加工工艺流程

2. 击蛋破壳　击蛋破壳是平湖糟蛋加工的特有工艺，将检验合格的鸭蛋先清洗干净，晾干表面的水分。击蛋时，将蛋放在左手掌上，右手拿竹片，对准蛋的纵侧，轻轻一击使蛋壳产生纵向裂缝，然后将蛋转半周，用竹片照样一击，使纵向裂纹延伸向连成一线。要求壳破而膜不破。

3. 装坛糟制　先将坛彻底消毒、杀菌，然后在坛底铺一层酒糟，再将击破蛋壳的蛋大头朝上，插入糟内，一层排好后再放一层糟，装好后在最上面均匀撒一层食盐，封坛、进仓堆放。装坛时一般的用料比例为：鸭蛋100枚，酒糟12kg，食盐1.8kg。

4. 成熟　从装坛糟制到成熟一般需4.5～5个月。仓储应逐月抽样检查，根据成熟的变化情况，来判别糟蛋的品质以便控制糟蛋的质量。

(二) 四川叙府糟蛋

叙府糟蛋加工用的原辅料、制糟及加工方法与平湖糟蛋大致相同，但在辅料中加入了红砂糖。成品特点是：蛋形饱满完整，蛋白呈黄红色，蛋黄呈油色，整枚蛋的蛋质软嫩，蛋膜不破，色泽红亮，食之醇香味长，陈年味更佳。

1. 准备工作　包括选蛋、洗蛋、酿制酒糟和击蛋破壳等，与生产平湖糟蛋的做法相同。

2. 配料装坛　将甜醪糟50kg，白酒10kg，红砂糖10kg，食盐15kg，陈皮、花椒适量等辅料混匀，鸭蛋100kg，按平湖糟蛋的装坛方法装坛密封。

3. 翻坛去壳　在糟渍3个月左右，将蛋取出，剥净蛋壳，注意不要将蛋壳膜剥破。

4. 白酒浸泡　将去壳的蛋放入白酒坛中浸泡48h，待蛋白、蛋黄全部凝固，蛋壳膜稍有膨胀但不破裂进行装坛。

5. **加料装坛** 装坛时除用原醪糟外，另加入红砂糖 1kg，食盐 0.5kg，陈皮 25g，花椒 25g，熬糖 2kg（红砂糖加水熬制至起糖丝止）。将它们充分混匀后一层糟一层蛋装坛密封，置阴凉干燥处保存。

6. **再翻坛** 贮存约 4 个月后，必须再次翻坛，即将上层翻到下层，下层移到上层，然后再密封。约需 1 年的时间糟蛋才能成熟，并可继续存放 3 年左右。

第四节　其他蛋制品加工

一、湿蛋制品加工

鲜蛋由于其蛋壳的特点不宜大批量贮存运输，从而制约了其工业化消费。将鲜蛋去壳，进行低温杀菌、加盐、加糖、蛋黄蛋白分离、冷冻、浓缩等处理，从而形成一系列含水量较高的蛋制品，称为湿蛋制品。湿蛋制品主要包括液蛋、冰蛋和湿蛋品三大类，一般以鸡蛋为原料。湿蛋制品加工工艺流程见图 10-4。

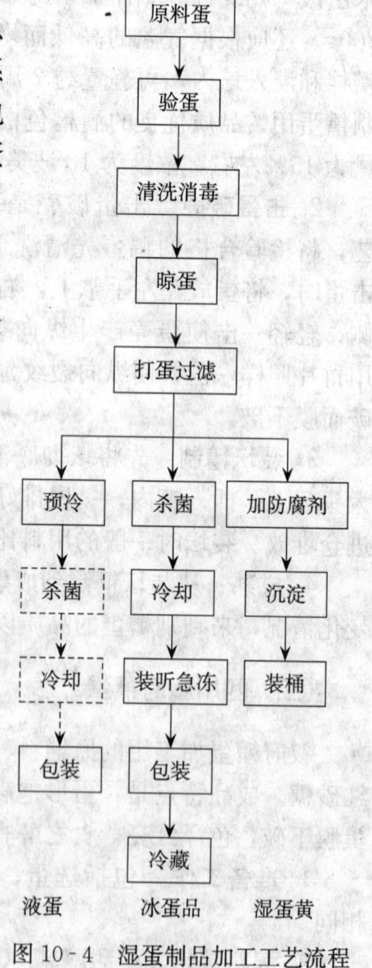

图 10-4　湿蛋制品加工工艺流程

（一）液蛋加工

根据加工时是否分离蛋白、蛋黄，将液蛋分为液全蛋、液蛋白和液蛋黄三类。

1. **原料蛋选择** 原料蛋必须新鲜，须通过感观检查和照蛋器检查来挑选。

2. **蛋壳的清洗、消毒** 为防止蛋壳上微生物进入蛋液内，需在打蛋前将蛋壳洗净并消毒。

3. **晾蛋** 经消毒后的蛋用温水清洗后，迅速晾干。

4. **打蛋、过滤** 将晾干后的禽蛋送到打蛋车间进行打蛋。打蛋方法有机械打蛋和人工打蛋两种。打蛋器见图 10-5 和图 10-6。

蛋液可通过搅拌、过滤除去碎蛋壳、系带、蛋壳膜、蛋黄膜等杂物，使蛋液组织均匀。

5. **蛋液的预冷** 经搅拌过滤的蛋液应及时进行预冷，以防止蛋液中微生物生长繁殖。预冷在预冷罐中进行。蛋液在罐内冷却至 4℃左右即可。如不进行巴氏杀菌时，可直接包装为成品。

6. **杀菌** 原料蛋在洗蛋、打蛋去壳以及蛋液混合、过滤等处理过程中，均可能受微生物的污染，因此，生液蛋须经杀菌。

全蛋液和蛋白液杀菌温度为 60～61.7℃，3.5～4.0min 的低温巴氏杀菌法。蛋黄液

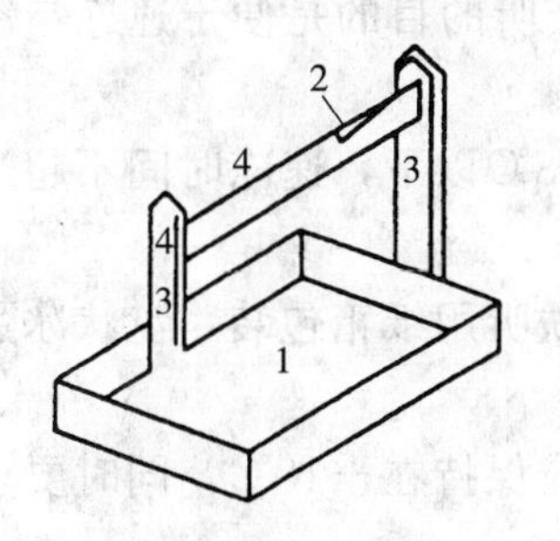

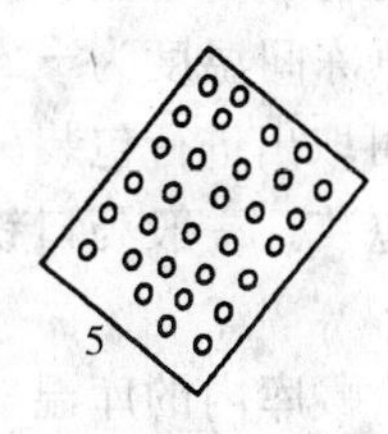

图 10-5　打蛋盘及打蛋刀

1. 打蛋盘　2. 刀口　3. 蛋盘支柱　4. 打蛋刀　5. 假底

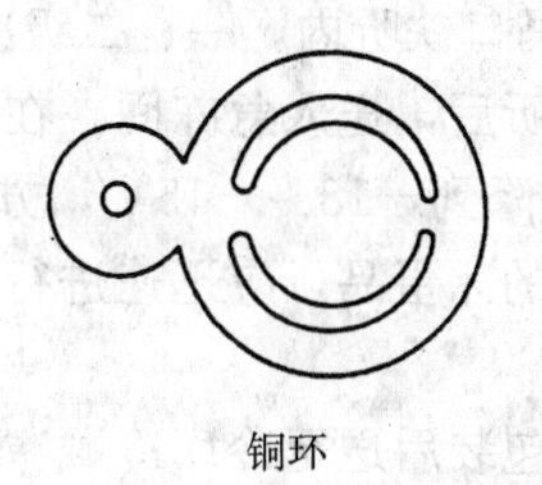

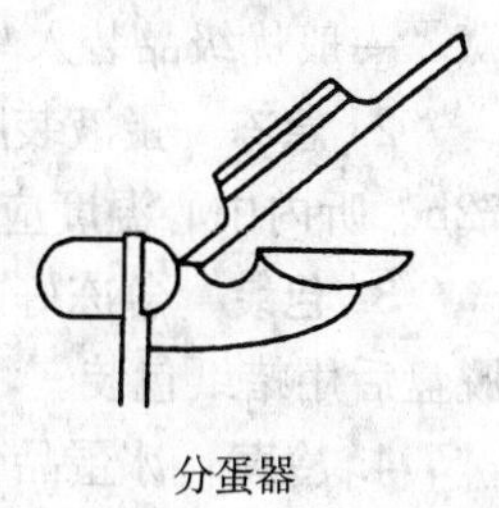

图 10-6　打分蛋器

的巴氏杀菌温度要比蛋白液稍高。由于蛋白中的蛋白质易热变性，可添加乳酸和硫酸铝调节蛋白液的 pH 为 6.0～7.0，可大大提高蛋白液的热稳定性；或在加热前将蛋白液进行抽真空处理，真空度为 5.1～6.0kPa，以除去蛋白液中空气，然后再将蛋白液在 56.7℃下保持 3.5min，也可达到杀菌效果。

7. **液蛋的冷却**　杀菌之后的蛋液必须迅速冷却。如果本厂使用，可冷却至 15℃左右；若以冷却蛋或冷冻蛋出售，则须迅速冷却至 2℃左右，然后再充填至适当容器中。

8. **液蛋的充填、包装及运输**　液蛋包装通常用 12.5～20.0kg 装的方形或圆形马口铁罐，其内壁镀锌或衬聚乙烯袋。空罐在充填前必须水洗、干燥。如衬聚乙烯袋则充入液蛋后应封口后再加罐盖。

可用液蛋车或大型货柜运送液蛋。液蛋车备有冷却或保温槽，其内可以隔成小槽以便能同时运送液蛋白、液蛋黄及全液蛋。液蛋车槽可以保持液蛋最低温度为 0～2℃，一般运送液蛋温度应在 12.2 ℃以下，长途运送则应在 4℃以下。使用的液蛋冷却或保温槽每日均需清洗、杀菌一次，以防止微生物污染繁殖。

为了使蛋液方便运输或增加其在常温下的贮藏时间，可加工成浓缩液蛋。浓缩蛋液主要分为两种：一种是全蛋或蛋黄加糖或盐后浓缩，使其含水量减少及水分活度降低，因而可在室温或较低温度下贮藏。鸡蛋的热稳定性差，一般采用加糖浓缩方法，加糖后的全蛋液（蛋黄液），其凝固温度随蔗糖添加量的增加而会有很大的提高。具体操作是：将液蛋移入搅拌器中，在全蛋液中加入 50％的蔗糖后搅拌，液蛋容易起泡，使用真空搅拌器为宜，再将蛋液均质后在 60～65℃的温度下减压浓缩至总固形物为 72％左右，浓缩后在 70～75℃温度下加热杀菌，然后热装罐，密封。加盐浓缩全蛋与加糖浓缩全蛋加工工艺相同，一般加盐浓缩全蛋固形物 50％，其中食盐含量为 9％。

另一种为浓缩蛋白，是利用反渗透或超滤法将蛋白浓缩至固形物含量为 24％。经浓缩的蛋白，部分葡萄糖、灰分等低分子化合物与水一同被除去。用反渗透法浓缩的蛋白由于失去了钠，因此在加水还原时其起泡性减弱。

（二）冰蛋加工

冰蛋是鲜鸡蛋去壳、预处理、冷冻后制成的蛋制品。冰蛋分为冰鸡全蛋、冰鸡蛋黄、冰鸡蛋白，以及巴氏消毒冰鸡全蛋，其前部分蛋液加工过程与液蛋加工相同。

1. **装听**（桶） 杀菌后蛋液冷却至4℃以下即可装听。装听的目的是便于速冻与冷藏，一般优级品装入马口铁听内，一、二级冰蛋品装入纸盒内。

2. **急冻** 蛋液装听后，送入急冻间，在急冻间温度为－23℃以下，速冻时间不超过72h。听内中心温度应降到－18～－15℃，方可取出进行包装。

3. **包装** 急冻好的冰蛋品，应迅速进行包装。一般马口铁听用纸箱包装，盘状冰蛋脱盘后用蜡纸包装。

4. **冷藏** 冰蛋品包装后送至冷库冷藏。冷藏库内的库温应保持在－18℃，同时要求冷藏库温不能上下波动过大。

5. **冰蛋的解冻** 冰蛋品的解冻是冻结的逆过程。解冻的目的在于将冰蛋品的温度回升到所需要的温度，使其恢复到冻结前的良好流体状态，获得最大限度的可逆性。冰蛋品的解冻方法有：将冰蛋放置在常温下解冻、将冰蛋放置在5～10℃的低温库中解冻、将盛冰蛋品的容器置入15～20℃的流水中解冻、把冰蛋品移入30～50℃的保温库中解冻或用微波解冻。

加盐冰蛋和加糖冰蛋由于其冰点下降，解冻较快。在一般冰蛋品中，冰蛋黄可在短时间内解冻，而冰蛋白则需要较长解冻时间。

（三）湿蛋黄加工

湿蛋黄是以蛋黄为原料加入防腐剂后制成的液蛋制品。湿蛋黄是中国早期生产的出口蛋制品之一。根据所用防腐剂的不同，湿蛋黄分为新粉盐黄、老粉盐黄和蜜黄三种。新粉盐黄以苯甲酸钠为防腐剂，老粉盐黄以硼酸为防腐剂，蜜黄的防腐剂为甘油。中国目前还生产的湿蛋黄主要是新粉盐黄和老粉盐黄。国家《食品添加剂使用卫生标准》只允许添加山梨酸及其钾盐作为蛋制品的防腐剂，湿蛋品逐渐淡出了食品市场，转为工业原料用，而且生产量及需要量也很小。

二、干燥蛋制品加工

用来生产干蛋品的原料主要是鸡蛋，很少用鸭蛋、鹅蛋。我国目前仅生产全蛋粉、蛋黄粉和蛋白片。加工工艺流程见图10-7。

（一）蛋白片的加工

蛋白片是指鲜鸡蛋的蛋白液经发酵、干燥等加工处理制成的薄片状制品。其前部分蛋液加工过程与液蛋相同。

1. **蛋白液的发酵** 蛋白液的发酵是通过细菌、酵母菌及酶制剂等的作用，使蛋白液中的糖分解，蛋白液发生自溶，使蛋白变成水样状态的过程，是干蛋白片加工的关键工序。蛋白发酵的目的是通过发酵作用使蛋白液中的糖分解，减少成品贮藏期间的褐变；其次是使蛋白液的黏度降低，便于蛋白液澄清，提高成品的打擦度、光泽和透明度；再次是使一部分蛋白质分解，增加成品水溶物的含量。

蛋白液发酵的方法有自然发酵、人工菌种（细菌或酵母）发酵、酶制剂处理等方法。

发酵前将发酵桶（缸）彻底清洗、消毒，再将搅拌过滤后的蛋白液移入桶（缸）内，装入量为桶容量的75%，以防发酵期间形成的泡沫上浮而溢出桶外。在发酵成熟前应将发酵液表面的上浮物舀出另行处理。发酵室温度应保持在26～30℃之间，当蛋白液的pH达5.2～5.4时即为发酵成熟，即可打开发酵桶下部的开关，分三次放出发酵好的蛋白液。第一次放出全容量的75%左右，然后将发酵间温度降至12℃以下静置，每隔3～6h，分别进行第二次及第三次放浆，约各放出10%，而剩余的5%左右均为杂质，另行处理。

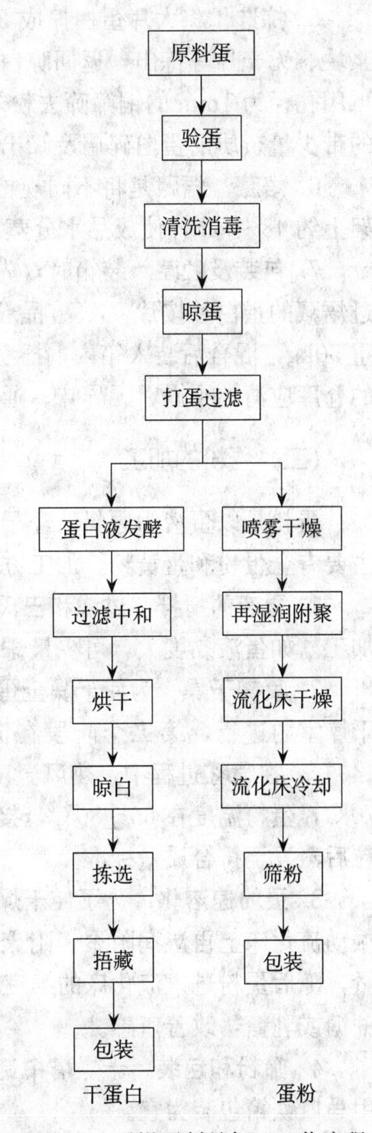

图10-7　干燥蛋制品加工工艺流程

2. 蛋白液的中和　发酵好的蛋白液在放浆的同时进行过滤，然后除去蛋白液表面的泡沫，及时用相对密度为0.91或0.98的纯净氨水进行中和，使发酵后的蛋白液呈中性或微碱性（pH 7.0～8.4），以提高产品质量。中和时应进行轻微搅拌，使其均匀，防止产生大量泡沫。

3. 烘干　是在不使蛋白凝固的前提下，利用适宜的温度使蛋白液内的水分蒸发，将蛋白液烘干成透明薄晶片的过程。我国蛋白片的烘干多采用热流水浇盘烘干法。烘架全长4m，共6～7层。每层水流烘架上设有水槽，水槽是马口铁制成的，深约20cm，在一端或中间处装热水进水管，另一端装出水管。正方形铝制的烘盘装在水流烘架上，长30cm，深5cm。浇蛋白液前要涂上洁白的凡士林，然后放在水槽上面，热水在槽内流动循环，水温控制在54～56℃，使蛋白液的水分逐渐蒸发，在烘制过程中蛋白液会产生泡沫，需要用刮沫板除掉。蛋白片经过3～4次揭片即可揭完。正常情况下，浇浆后11～13h，蛋白片厚约1mm时揭第一层蛋白片，再经过45～60min揭第二片，再过20～30min揭第三片。一般可揭两次大片，余下揭得的为不完整的碎片。当成片的蛋白片揭完后，将盘内的剩下的蛋白液继续干燥后，取出放于镀锌铁盘内，送往晾白车间进行晾干。再刮下烘架及烘盘内的碎屑，送入成品车间。

也可采用干燥机加工蛋白片。

4. 晾白　烘干揭出的蛋白片仍含有24%的水分，因此须晾干，俗称晾白。晾白室温度调至40～50℃、然后将大张蛋白片湿面向外搭成“人”字形，或湿面向上，平铺在布棚上进行晾干。晾4～5h后，含水量大约为15%左右，取下放于盘内送至拣选车间。厚块、含蛋白液块及无光片分别平铺在布绷上，搁在木架下层进行晾干；烘干时的碎屑用10mm×20mm孔的竹筛进行过筛，筛上面的碎片放于布棚上晾干，筛下粉末，可送包装车间。

5. **拣选** 将大片蛋白捏成20mm大小的小片送至焐藏车间，同时将厚片、潮块、含浆块、无光片等拣出，返回晾白车间，继续晾干；将烘干及晾白工序所得的碎片晾干后，再用孔径为1mm的铜筛筛去粉末，拣除杂质，按比例搭配在同批大片中；最后，将拣出的带少量杂质的蛋白碎屑及筛出的粉末用水溶解，再过滤、烘干成片，作次品处理。

6. **焐藏** 焐藏是将不同规格的产品分别放在铝箱内，上面盖上白布，再将箱置于木架上约48～72h，使成品水分蒸发或吸收，以达水分平衡、均匀一致。

7. **包装及贮藏** 装箱时，先将消毒后的马口铁箱铺好衬纸，放入木箱内，然后将经过焐藏的蛋白片按片85%、晶粒1.0%～1.5%、碎屑13.5%～14%的比例搭配包装，称重50kg，混合后装入箱内，摇实，盖上衬纸和箱盖即可封焊，再钉上木盖。贮藏蛋白片的仓库应清洁干燥、无异味、通风良好、库温在24℃以下。

（二）蛋粉的加工

蛋粉是以蛋液为原料，经干燥加工除去水分而制得的粉末状蛋制品。蛋粉种类很多，主要有全蛋粉和蛋黄粉，加工方法与乳粉基本相似。

1. **蛋液的搅拌、过滤和巴氏杀菌** 蛋液经搅拌、过滤后进行巴氏杀菌，方法同液蛋加工。如蛋液黏度大，可少量添加无菌水充分搅拌均匀，再进行巴氏杀菌。

2. **喷雾干燥** 为使干燥全蛋的水分含量在2%以下，应采用二段法干燥。第一阶段在干燥室内进行，第二个阶段在流化床中进行。在未喷雾前，干燥塔的温度应为120～140℃，在喷雾过程中，热风温度应控制在150～200℃，喷雾后干燥塔温度下降至60～70℃，蛋粉温度在60～80℃，接着蛋粉进入喷雾干燥室底部的流化床干燥机中，附聚造粒后蒸发至符合质量标准。

3. **蛋粉速溶化** 为了使干燥后的蛋粉速溶，通常采用再湿润附聚工艺。蛋粉颗粒在振动流化床上再湿润附聚，附聚后的蛋粉颗粒在流化床第二段被干燥到产品所需水分含量，随后蛋粉进入流化床的第三段被冷空气冷却。为了使蛋白粉速溶化，可在此过程加入蔗糖或乳糖，改善口感。

4. **筛粉和包装** 干燥塔中卸出的蛋粉必须过筛，使产品均匀，然后进行包装。蛋粉用马口铁箱包装为宜。

5. **贮藏** 干蛋粉应在温度不超过24℃、相对湿度不超过70%的冷风库中贮藏，且蛋粉应贮藏在暗处，否则其中的维生素易被破坏，蛋粉颜色变浅。

干蛋粉在贮藏中由于磷脂中脂肪酸的氧化，会产生异味；蛋中葡萄糖与氨基酸的美拉德反应会使蛋粉产生褐色；加工中释放出的游离脂肪，使蛋粉复水后起泡能力大大下降，且分散性降低。如果在干燥前除去蛋中的葡萄糖，或在蛋黄中加入5%蔗糖或10%玉米糖浆，可以延缓蛋粉或蛋黄粉在贮藏期间的美拉德反应，降低由于干燥引起的起泡能力的丧失。

三、熟蛋制品加工

（一）五香茶蛋

五香茶蛋是鲜鸡、鸭蛋经高温杀菌并使蛋白凝固后，利用辅料的防腐、调味和增色作

用而加工成的具有独特色、香、味的熟蛋食品。

1. **原辅料及配方**　通常采用鸡蛋，鸭蛋也可以，要求蛋壳完整的新鲜蛋。

配方：鲜鸡蛋 100kg、新鲜茶叶 1kg、花椒 100g、八角 250g、桂皮 250g、小茴香 150g、食盐 1kg、酱油 2.5kg、葱 500g、姜 250g、水适量。

2. **准备**　将蛋清洗干净，茶叶用 80～90℃的水浸泡 15min 后弃水，将茶叶留作煮蛋。

3. **煮蛋**　将蛋放入清水，用中火烧开，再改用小火煮 5min，蛋白凝固但蛋黄尚未凝固，然后将开水倒掉，用凉水急冲或将蛋放入冷水中浸 2min，再轻轻敲裂蛋壳，使之有裂缝或剥除蛋壳。

4. **茶制**　锅内放入半锅清水，用武火烧开后改用中火，放入蛋、精盐、酱油、葱段、姜片。把茶叶、花椒、八角、桂皮、小茴香等用纱布包住放入锅中，煮约 1h，起锅离火，自然晾凉。

5. **腌制**　待凉后，取出纱布袋，挑出葱、姜，将蛋连同汤汁一起放入干净的容器中，晾凉后，在 4～10℃下腌制 24h。

6. **干燥**　将腌制后的鸡蛋捞出，放在干燥筛子上于温度为 65℃下干燥 2h，以使鸡蛋干燥均匀。

7. **真空包装**　每袋装一枚蛋，要求热风平整、无皱褶、无破袋漏气现象。

8. **微波杀菌**　八级火力，时间为 1min。

这种方法生产的五香茶蛋色泽酱黄，咸淡适宜，芳香浓郁，回味无穷，口感好，耐咀嚼。常温下可贮藏 60d 左右。

（二）蛋松

蛋松是用新鲜鸡蛋液加调味料经油炸后炒制而成的一种疏松脱水蛋制品。其生产工艺如下：

1. **配料**　可以根据本地的饮食习惯适当调整配方。各地配方见表 10-3。

表 10-3　100kg 鲜蛋加工蛋松的配方　　单位：kg

地区	食油	精盐	蔗糖	黄酒	味精
杭州	15	2.75	7.5	5.0	0.1
吴兴	8.0	2.0	10	2.0	0.2
义乌	适量	2.0	5.0	3.5	0.1
仙居	适量	1.0	4.0	4.0	0.4

2. **制取蛋液**　取检验合格的新鲜鸡蛋或鸭蛋，要求表面无杂物、无霉变，把蛋壳洗净，然后打蛋，过滤。

3. **搅拌**　蛋液加入黄酒、盐后，用打蛋机或手工搅拌，注意要朝一个方向搅拌，速度要均匀，用力不要过猛，以防搅断蛋丝，直至拌成均匀色泽一致的蛋液，接下来静止 10～15min，等气泡消完后再进行油炸。

4. **油炸**　当油温 4～5 成热时用细眼筛子（40～69 目或孔径 2～3mm）将蛋液均匀地加入油中，注意油温过低蛋液吸油过多，不容易成丝，反之，油温过高，则上色过快，达不到脱水和质感的目的，且容易造成炸焦。当蛋丝浮出油面时，用筷子等在锅内迅速搅拌至蛋丝成金黄色时捞出，沥干余油。

5. **搓松** 用手或机械将蛋松的粗丝撕或搓成细丝。手工操作如下：将粗蛋丝放入淘水箩内，用力尽量压干油脂，稍冷却后，再用干净的牛皮纸将蛋松包住，放在搓板上轻轻擦搓，当油湿纸时及时更换牛皮纸，一般更换 3～4 次即成干而蓬松的蛋松，成品率35%～40%。

6. **炒松** 加入蔗糖、味精、炒熟的芝麻等配料，用微火炒 3～4min，即成细松质软、金光闪闪的蛋松成品。

7. **冷却包装** 冷却至室温，经检验合格后装入干净的聚乙烯薄膜中，称重，热力包装。

四、蛋黄酱加工

蛋黄酱是以蛋黄及植物油为主要原料，添加调味物质加工而成的一种乳化状半固态蛋制品。其中含有人体必需的亚油酸、维生素、蛋白质及卵磷脂等成分，是一种营养价值较高的调味品。可直接用于调味佐料、面食涂层和油脂类食品等。

配方：植物油 75%～80%、食醋（醋酸含量 4.5%）9.4%～10.8%、蛋黄 8%～10%、蔗糖 1.5%～2.5%、盐 1.5%、香辛料 0.6%～1.2%。

1. **辅料处理** 将食盐、蔗糖等水溶性辅料溶于食醋中，并在 60℃条件下保持 3～5min，然后过滤，冷却备用。将芥末等香辛料磨成细末，再进行微波杀菌。

2. **蛋液制备** 将鲜鸡蛋先用清水洗涤干净，再用过氧乙酸及医用酒精消毒灭菌，然后将蛋液打入预先消毒的搅拌锅内。若只用蛋黄，可用打分蛋器打蛋，将分出的蛋黄投入搅拌锅内搅拌均匀。蛋黄液用 60℃、时间 3～5min 加热杀菌，冷却备用。

3. **混合乳化** 先将除植物油以外的辅料投入蛋液中，搅拌均匀。然后在不断搅拌下，缓慢加入植物油，注意向一个方向匀速搅拌；植物油添加速度特别是初期不能太快，否则不能形成 O/W 型蛋黄酱。

4. **均质** 用胶体磨进行均质，胶体磨转速控制在3 600r/min 左右。

5. **包装** 采用不透光材料（如铝箔塑料袋）进行真空包装。

复习思考题

1. 试述皮蛋形成的机理。
2. 皮蛋加工过程中出现黄皮蛋和烂头蛋的原因是什么？如何处理？
3. 简述液蛋加工工艺。
4. 试述腌制咸蛋的原理及加工工艺。
5. 试述蛋黄酱的加工工艺。

实训指导

实训一　原料肉品质的评定

一、实训目的

通过评定或测定原料肉的颜色、酸度、保水性、嫩度、大理石纹及熟肉率，对原料肉品质做出综合评定。

二、材料用具

1. 用具　肉色评分标准图、大理石纹平分图、定性中速滤纸、酸碱度计、钢环允许膨胀压缩仪、取样品、LM－嫩度计、书写用硬质塑料板、分析天平。

2. 材料　猪半胴体。

三、方法步骤

1. 肉色　猪宰后2～3h内取最后胸椎处背最长肌的新鲜切面，在室内正常光线下用目测评分法评定，评分标准见表实-1。应避免在阳光直射或室内阴暗处评定。

表实-1　肉色评分标准

肉　色	灰　白	微　红	正常鲜红	微暗红	暗　红
评　分	1	2	3	4	5
结　果	劣质肉	不正常肉	正常肉	正常肉	正常肉

注：此标准引自美国《肉色评分标准图》。因我国的猪肉颜色较深，故评分3～4者为正常。

2. 肉的酸碱度　在宰杀后45min内直接用酸碱度计测定背最长肌的酸碱度。测定时先用金属棒在肌肉上刺一个孔，按国际惯例，用最后胸椎部背最长肌中心处的pH表示。正常肉的pH为6.1～6.4，灰白水样肉（PSE）的pH一般为5.1～5.5。

3. 肉的保水性　测定保水性使用最普遍的方法是压力法，既施加一定的质量或压力，测定被压出的水量与肉重之比或按压出水所湿面积之比。我国现行的测定方法是用35kg质量压力法度量肉样的失水率，失水率愈高，系水力愈低，保水性愈差。

（1）取样。在第1～2腰椎背最长肌处切取1.0mm厚的薄片，平置于干净橡皮片上，再用直径2.523cm的圆形取样器（圆面积为5cm）切取中心部肉样。

（2）测定。切取的肉样用感量为0.001g的天平称重后，将肉样置于两层纱布间，上下各垫18层定性中速滤纸，滤纸外各垫一块书写用硬质塑料板，然后放置于改装钢环允许膨胀压缩仪上，匀速摇动把加压至35kg，保持5min，解除压力后立即称量肉样重。

（3）计算。失水率＝加压后肉样重÷加压前肉样重×100％。

计算系水率时，需在同一部位另采肉样 50g，按常规方法测定含水量后按下列公式计算：

系水率＝（肌肉总质量－肉样失水量）/肌肉总水分量×100%

4. 肉的嫩度 嫩度评定分为主观评定和客观评定两种方法。

（1）感官评定。感官评定是依靠咀嚼和舌与颊对肌肉的软、硬与咀嚼的难易程度等方法进行综合评定。感官评定的优点是比较接近正常食用条件下对嫩度的评定。但评定人员须经专门训练。感官评定可从以下三个方面进行：①咬断肌纤维的难易程度；②咬碎肌纤维的难易程度或达到正常吞咽程度时的咀嚼次数；③剩余残渣量。

（2）仪器检测。用肌肉嫩度计（LM－嫩度计）测定剪切力的大小来表示肌肉的嫩度。实验表明，剪切力与感官评定之间的相关系数达 0.60～0.85，平均为 0.75。

测定时在一定温度下将肉样煮熟，用直径为 1.27cm 的取样器切取肉样，在室温条件下置于剪切仪上测量剪切肉样所需的力，用“kg”表示，其数值越小，肉愈嫩。重复 3 次计算其平均值。

5. 大理石纹 大理石纹反映了一块肌肉可见脂肪的分布状况，通常以最后一个胸椎处的背最长肌为代表。用目测评分法评定：脂肪只有痕迹评 1 分；微量脂肪评 2 分；少量脂肪评 3 分；适量脂肪评 4 分；过量脂肪评 5 分。目前暂用大理石纹评分标准图测定。如果评定鲜肉时脂肪不清楚，可将肉样置于冰箱内在 4℃下保持 24h 后再评定。

6. 熟肉率 将完整腰大肌用感量为 0.1g 的天平称重后，置于蒸锅屉上蒸煮 45min，取出后冷却 30～40min 或吊挂于室内无风阴凉处，30min 后称重，用下列公式计算：

熟肉率＝蒸煮后肉样重/蒸煮前肉样重×100%

四、实训作业

根据实训情况，写实训报告（操作要点、结果分析）。

实训二　牛干巴制作

一、实训目的

通过牛干巴的制作，掌握腌制原理及方法，腌腊制品加工的基本工艺。

二、材料用具

1. 用具 锅、盆、真空包装机、菜刀等。

2. 配方 鲜牛肉 10kg、食盐 400g、蔗糖 100g、辣椒粉 50g、花椒粉 5g、茴香粉 3g、白酒 50ml、硝酸钠 4g。

三、方法步骤

（1）选择新鲜、肌肉丰满、筋膜较少的大块去骨牛后腿肉为原料。

（2）将牛肉按肌肉块自然纹路，把后腿部肌肉分成 3 对 6 块，（即半腱肌、股二头肌、股四头肌等），每块约 1kg 重。经充分冷凉后，晚上腌制。

（3）将冷透的鲜牛肉置于桌上，按配方将腌制料均匀地撒在肉上，反复搓揉至软，放入陶制的瓮缸内，用塑料布密封缸口，置阴凉室内腌制，中途翻缸一次，使其腌制均匀。腌制 7～15d 后出缸。

(4) 出缸后将腌制好的半成品牛干巴置于通风地方进行晾晒。刚出缸要进行1～2次堆码挤压，使肌纤维致密，肌肉中心水分便于排出。一般晾晒一周，肉面干硬呈板栗色即可移至通风、阴凉的室内保管。

(5) 牛干巴经风干到水分≤40%即可切片。片状牛干巴用PVC高聚丙烯复合袋包装，用真空包装机封口，真空度0.08MPa，热封时间10s。袋装牛干巴贮存于阴凉、干燥通风处。

(6) 产品特点：色泽红亮，肉体干实，味道鲜美，香气四溢。

四、实训作业

根据实训情况，写实训报告（操作要点、结果分析）。

实训三　德州扒鸡的加工

一、实训目的

通过扒鸡的加工制作，初步掌握禽制品的原料处理及酱卤制品的加工原理及基本工艺。

二、材料用具

1. 用具　不锈钢盘、盆、菜刀等。

2. 材料　鸡20只（以15kg计）、八角10g、桂皮12.5g、肉豆蔻5g、草果5g、丁香2.5g、白芷12.5g、山柰7.5g、陈皮5g、花椒10g、砂仁1g、小茴香10g、食盐350g、酱油400g、生姜25g。

三、方法步骤

(1) 选择健康的1～1.5kg当年新鸡最好。颈部刺杀放血，浸烫煺毛，腹下开膛，除净内脏。清水洗净后，将两腿交叉盘至肛门内，将双翅向前由颈部刀口处伸进，从口内交叉而出，形成卧体含双翅的优美造型。

(2) 把造型后的鸡凉透，用糖稀涂抹鸡体，再放到160℃左右的植物油中炸1～2min，以鸡身金黄透红为宜。

(3) 把小茴香、花椒和压碎的砂仁装入纱布袋，随同其他辅料一齐放入锅中。将炸好的鸡按顺序放入锅内排好，然后放汤（老汤和新汤对半，若无老汤，配料可适当增加），汤的用量以高出上层鸡身为标准，上面压铁箅子和石块，以防止汤沸时鸡身翻滚。先用旺火煮1～2h（一般新鸡煮1.5h，老鸡2h）后，改用微火焖煮，新鸡焖6～8h，老鸡焖8～10h即可。

(4) 出锅时，先加火把汤煮沸，取出铁箅石块，利用沸腾时的浮力，将鸡用钩子和汤勺捞出。出锅时动作要轻，方位要准，按照鸡的排列以钩子搭出鸡头，在汤内靠浮力慢慢提到漏勺内，平稳端起，以保持鸡身的完整，出锅后即为成品。

(5) 产品特点：扒鸡翅、腿齐全，鸡皮完整，外形优美，色泽金黄透微红，油润光亮，熟而不破，触肉脱骨，烂而连丝，色味俱佳。

四、实训作业

根据实训情况，写实训报告（操作要点、结果分析）。

实训四　卤猪杂加工

一、实训目的

通过实训操作，掌握内脏原料的处理方法。

二、材料用具

1. **用具**　锅、盆、菜刀、塑料篓等。

2. **材料**　原料10kg、食盐150g、酱油600g、蔗糖300g、黄酒250g、大茴香25g、桂皮13g、生姜25g、葱50g、焦糖色20g、亚硝酸钠适量。

三、方法步骤

1. **原料选择及处理**　选自健康猪的肝、心、肚、肠、舌等。

（1）猪肝。将猪肝摘去苦胆，修去油筋，用清水漂洗干净。若有肝叶被胆汁污染，应在肝叶上划些不规则刀口，以便卤汁渗入内部。

（2）猪心。将猪心切为相连的两半，除去淤血，剪去油筋，用清水洗净。用原料量的3%食盐和适量亚硝酸钠（最大使用量为0.15g/kg）腌制1h。

（3）猪肚。将猪肚置于塑料篓内，加些精盐和明矾屑，搅拌使黏液不断从塑料篓缝隙中流出，加入清水中漂洗，除去肚上网油及污物。洗净后放入沸水中浸烫5min左右，刮净肚膜，用清水再次清洗。

（4）猪肠。先撕去肠上的附油，去掉污物，用清水再次洗净，然后将肠翻转，放入塑料篓内。同整理猪肚的方法，除去黏液，再用清水洗净，盘成圆形，用绳扎住，以便烧煮。

肚、肠腥臭味很重，整理时应特别注意清除。

（5）猪舌。除去软骨、淋巴结及筋膜，在85℃左右的热水中浸烫15min左右，然后刮去舌苔，用肉重的3%食盐和适量亚硝酸钠腌制1h。

2. **清煮**　卤制品原料不同，清煮方法略有差异。猪肝一般不经清煮，其他内脏则需清煮，尤其肚、肠腥臭味重，清煮尤为重要。清煮方法：先将水烧沸，倒入原料，再烧沸后，用铲刀翻动原料，撇去浮油及杂物，然后改用文火烧煮。清煮时间：猪肠为1h、猪肚为1.5h、猪舌40min、猪心20min。清煮结束后，捞出原料置于带孔的容器中，沥水待卤制。

3. **卤制**　按配料标准取葱、姜（捣碎）、桂皮、大茴香分装在两个纱布袋内，扎紧袋口，连同黄酒、酱油、精盐、蔗糖（占总量的80%）、葱、姜等放入锅内，再加入坯料质量一半的水。如有老卤，应视其咸淡程度增减配料。然后用文火烧沸，倒入坯料，继续用文火烧煮20～30min，烧熟后捞出。取出锅中部分卤水，撇去浮油，置于另一锅中，加蔗糖（占总量的20%）用文火熬制浓缩，涂于产品上，以加重产品的色泽和口味。剩余卤水应妥善保存，循环使用。

4. **产品特点**　外形完整，色泽酱红，质地柔软，外涂浓稠卤汁。

四、实训作业

（1）根据实训情况，写实训报告（操作要点、结果分析）。

（2）内脏原料的处理方法有哪些？

实训五　五香熏兔加工

一、实训目的

通过熏兔的制作，掌握兔的屠宰加工和熏制的原理及熏制品的基本工艺。

二、材料用具

1. **用具**　锅、盆、碎木屑、刀等。

2. **材料**　兔胴体 10kg、葱 15g、姜 20g、大蒜 10g、精盐 250g、花椒 5g、八角 15g、砂仁 15g、桂皮 10g、良姜 5g、丁香 2g、荜拨 5g、料酒 100g、红糖 100g、酱油 100g、面酱 50g。

三、方法步骤

（1）选择健康膘肥的青年兔，体重 2.5～3kg，按传统工序屠宰，放血，剥皮，开膛，除去内脏和四肢下部，将剥好的兔胴体放在清水中漂洗 2～3h，浸出血液。再用无毒线绳把两后肢绑成抱头状呈弓形固定。

（2）按配料标准取香辛料装入纱布袋内，扎紧袋口，连同葱、姜、调味料放入锅内，加入适量水，用文火熬制香料水 1h。

（3）放入兔胴体大火煮沸，然后用文火焖煮 3～4h，以兔肉熟烂而不破损为宜。把煮好的兔捞出，置于特制的篦屉上，沥干待熏。

（4）把铁锅清洗干净，在锅底部加入柏木或碎屑适量，白砂糖少许，然后把待熏制的兔均匀地码放在屉上，再放入锅内，盖上锅盖，开始烧火熏制。当锅盖边缘冒白烟的时候，将锅端下来停一会。然后，再烧火熏，连续两次，0.5h 左右即成。

（5）产品特点。熏兔呈棕色而有光泽，表面干净无杂物，肌肉富有弹性，肉质紧密鲜嫩，表面干燥酥软，咸淡适口，肥而不腻，有柏香风味。常温条件下可保存一周左右。

四、实训作业

（1）根据实训情况，写实训报告（操作要点、结果分析）。

（2）总结锅熏的特点和注意事项。

实训六　叉烧肉加工

一、目的要求

通过叉烧肉的加工，掌握烤制品的加工原理及基本工艺。

二、材料用具

1. **用具**　瘦猪肉、盆、刀、烤箱、调味料、香辛料等。

2. **材料**　瘦猪肉 10kg、蔗糖 640g、酱油 400g、食盐 200g、白酒 200g、亚硝酸钠 5g、麦芽糖或蜜糖 500g。

三、方法步骤

（1）选择瘦猪肉或五花猪肉。选好的原料肉切成条，条长约40cm，厚1.5cm，重约350g。

（2）切好的肉条放进盆内，按比例放入配料，腌制 2h（20min 翻动一次），肉坯充分吸收辅料后，再加入白酒，并翻动混合，然后把肉条穿进铁制的排环上。

（3）用木炭或电炉烤制。用炭火烧热烤炉，把穿好肉条的排环挂入炉内，盖上炉盖烤制、炉温 270℃时烤 15min。转动排环，调换肉面方向，盖上炉盖，继续烤制 15min，然后将炉温降至 220℃左右烤 15min 即可出炉。

（4）当叉烧出炉稍冷却后，即将其浸入糖液内（糖：水＝1：3）蘸上糖液，再取出烤制 3min，即可出炉。

（5）成品色泽枣红，甜咸醇香，焦香酥嫩。

四、实训作业

（1）根据实训情况，写实训报告（操作要点、结果分析）。

（2）怎样控制肉的烤制程度？

实训七　风味灌肠制作

一、实训目的

通过实训操作，掌握中国香肠与西式灌肠加工加工工艺的差异。

二、材料用具

1. **用具**　灌肠机、盆、刀、砧板、肠衣等。

2. **材料**　猪腿肉 7kg，猪肥膘 3kg，淀粉 600g，胡萝卜 750g，甜青椒 750g，食盐 500g，胡椒粉 50g，蔗糖 150g，肉豆蔻粉 40g，味精 9g，沙蒿胶 15g，亚麻子胶 20g，亚硝酸钠 1g，抗坏血酸、氢氧化钠、0.1mol/L 盐酸适量。

三、方法步骤

（1）将瘦肉切成 1cm 见方、肥膘切成 5～7cm 的肉粒。切好的瘦肉和肥膘分别装入不锈钢盆内，瘦肉加入 21g 食盐和亚硝酸钠 1g，肥膘加 9g 食盐，搅拌均匀后，装入容器内置于 4～8℃下腌制 18～24h。

（2）将胡萝卜洗净，放入 2%～4%的热氢氧化钠溶液中去皮，清洗后切片。再放入 2%食盐和 0.15%抗坏血酸混合液中浸泡 5min，防止变色。捞出冲洗干净，入沸水中预煮 4min，冲凉、切碎成小颗粒状。

（3）甜青椒去子去柄，切片，用 0.1mol/L 的盐酸溶液浸泡 30min 后取出洗净，再入沸水中热烫 2～3min，捞出冷却，切成小丁状。

（4）用 5～7mm 孔径板的绞肉机将腌制好的瘦肉绞碎，再将瘦肉、剩余的食盐放入斩拌机斩拌约 1～2min，再加入肥膘肉、溶解好的沙蒿胶、亚麻子胶和淀粉等配料斩拌约 30s，斩拌时注意刀速和盘速从慢到快，最后将斩拌机调到搅拌挡，把菜丁放入肉浆中拌馅 10～15min。斩拌时肉温控制在 8℃左右，可加冰水防止肉温升高，总加水量控制在 3kg 左右。

（5）用灌肠机灌馅或用漏斗直接套在肠衣上人工灌制。每灌制 15～20cm，用细绳子结扎，并用小针扎孔放气。

（6）将灌肠放入烤炉内，烤炉温度为 80℃，烘烤时间为 2h，每隔 5～10min 将肠翻动

一次。直至肠体表面干燥，肠衣半透明，即可出炉。

(7) 在锅内加入饮用水烧至90～95℃时，灌肠下锅煮制30min左右。当肠中心温度75℃，用手触摸肠体硬挺，弹力充足，即可出锅。

(8) 产品特点：用鲜猪肉加颗粒状蔬菜灌制而成的荤素复合灌肠，成品肠体色泽枣红，有弹性，肉馅粉红色，嵌有红色、绿色的胡萝卜、甜青椒颗粒。

四、实训作业

(1) 根据实训情况，写实训报告（操作要点、结果分析）。

(2) 中式香肠与西式灌肠有何不同?

实训八　香味猪肉脯的加工

一、目的要求

通过以肉糜为原料的猪肉脯的制作，初步掌握肉干制品的加工方法。

二、材料

1. **用具**　绞肉机、刀、盆、锅等。

2. **材料**　鲜后腿肉10kg、蔗糖900g、鱼露800g、鸡蛋液300g、味精30g、白胡椒粉20g、黄酒100g、亚硝酸钠1g、异抗坏血酸钠5g。

三、方法步骤

(1) 选用新鲜猪肉，剔除筋膜，洗净，切成小块。加亚硝酸钠、异抗坏血酸钠腌制2h。

(2) 使用双刀双绞板绞肉机进行细绞（里面一块绞板孔径为9～12mm，外面一块绞板孔径为3mm）。

(3) 将绞碎的猪肉放入斩拌机内高速斩拌约30s，再将黄酒、鸡蛋液等配料加入肉糜中低速搅拌1～2min，直至起胶黏成团，放在5℃冰箱中腌制2h。

(4) 在竹筛表面刷一层花生油，把腌好的肉糜均匀涂抹于竹筛上，放一张保鲜膜盖在肉糜上，用面棍在保鲜膜上来回碾压，把肉糜压成约2mm左右的肉饼。

(5) 将烤箱预热至70～75℃，把摊片后的肉糜连同竹筛一起放入烤箱烘烤2～3h，当表皮干燥成膜时，揭掉保鲜膜，剥离肉片并翻转，再在60～65℃下烘2h取出。

(6) 将烘干的肉片展开平放入烤盘中，在烘烤箱内以200～240℃烘烤1min，然后翻转再烤1min左右，到肉脯收缩出油即可。

(7) 将烤熟的肉脯压平、切片、包装。

(8) 产品特点：色泽红润，油润光亮，醇香微甜，不腻，不塞牙。

四、实训作业

根据实训情况，写实训报告（操作要点、结果分析）。

实训九　牛乳的新鲜度检验

一、实训目的

学会并掌握牛乳的感官鉴定、密度、酸度的测定方法。

二、方法步骤

（一）感官鉴定

正常乳应为乳白色或略带黄色；具有特殊的乳香味；稍有甜味；组织状态均匀一致，无凝块和沉淀，不黏滑。

1. **色泽检定** 将少量乳倒入白瓷皿中观察其颜色。

2. **气味鉴定** 将少量乳加热后，闻其气味。

3. **滋味鉴定** 取少量乳用口尝之。

4. **组织状态鉴定** 将少量乳倒入小烧杯内静置1h左右后，再小心将其倒入另一小烧杯内，仔细观察第一个小烧杯内底部有无沉淀和絮状物。再取1滴乳滴于大拇指上，检查是否黏滑。

（二）滴定酸度

1. **仪器药品** 0.1mol/L氢氧化钠溶液、10ml吸管、150ml三角瓶、25ml酸式滴定管、0.5%酚酞酒精溶液、0.5ml吸管、25ml碱式滴定管、滴定架。

2. **操作方法** 取乳样10ml于150ml三角瓶中，再加入20ml蒸馏水和0.5ml0.5%酚酞溶液，摇匀，用0.1mol/L氢氧化钠溶液滴定至微红色，并在1min内不消失为止，记录0.1mol/L氢氧化钠所消耗的毫升数（A）。

3. **酸度计算**

$$吉尔涅尔度（°T）=A\times 10$$

（三）酒精试验

1. **仪器药品** 68%、70%、72%的酒精，1～2ml吸管、试管。

2. **操作方法** 取试管3支，编号（1、2、3号），分别加入同一乳样1～2ml，1号管加入等量的68%的酒精；2号管加入等量的70%的酒精；3号管加入等量的72%的酒精。摇匀，然后观察有无絮片出现，确定乳的酸度。酒精浓度与牛乳酸度的关系见表实-2。

酒精试验时，两种液体的温度应在10℃以下，否则检验误差增大。

表实-2 酒精试验中酒精浓度与牛乳酸度的关系

酒精浓度（%）	牛乳蛋白质的凝固特征	牛乳的酸度（°T）
68	细的絮片	20以下
70	细的絮片	19以下
72	细的絮片	18以下

（四）煮沸试验

1. **仪器** 20ml吸管、水浴箱。

2. **操作方法** 取10ml乳，放入试管中，用酒精灯加热至沸腾，观察管壁有无絮片出现或发生凝固现象。

3. **判定标准** 如果产生絮片或发生凝固，则表示不新鲜，酸度大于26°T。

（五）乳相对密度的测定

1. **仪器** 牛乳密度乳稠计、温度计、100～200ml 量筒、200～300ml 烧杯。

2. **操作方法**

（1）取乳样小心地沿量筒壁注入量筒中，防止发生泡沫影响读数，加至量筒容积的3/4处。

（2）将乳脂计小心地沉入乳样中，使其在乳中自由浮动（注意防止乳脂计与量筒壁接触），静置2～3min后进行读数（读取凹液面的上缘）。

（3）用温度计测定乳温，测定乳密度的乳温应在10～25℃范围内，否则误差增大。

（4）测定值的校正。如果乳温不是20℃则在乳脂计上的读数还必须进行温度的校正，因乳的密度随温度升高而减小，随温度降低而增大。

测定值的校正可用计算法和查表法进行。

（六）乳中细菌污染度的测定（美蓝法）

1. **仪器药品** 亚甲基蓝溶液、干燥箱、酒精灯、1ml 吸管、试管、10ml 吸管、水浴箱或恒温箱。

2. **操作方法**

（1）仪器消毒。试验中所用的吸管、试管等必须事先经过干热灭菌。

（2）以无菌操作吸取10ml 乳样于试管中，再加入亚甲基蓝1ml，塞上棉塞，摇匀，然后放在35～40℃的水中或恒温箱中，记录开始保温的时间。

（3）每隔10～15min 观察试管内容物褪色的情况。

（4）根据试管内容物褪色的速度，确定乳中的细菌数及细菌污染度的等级。

（5）判定标准。见第六章表6-2。

三、实训作业

根据实训情况，写实训报告（操作要点、结果分析）。

实训十　乳的掺杂掺假检验

一、实训目的

掌握常见掺假掺杂乳的检测技术。

二、方法步骤

人为地添加廉价的没有营养价值的物质或抽去有营养价值的物质或为了掩盖真实质量而加入防腐物质的乳称为掺杂掺假乳。如添加碱性物质以降低酸度，为便于贮存而添加防腐剂或抗生素以及为增加质量而掺水、淀粉或豆浆等。对此必须进行严格检查和卫生监督。

（一）碳酸钠（碱）的检出

1. **仪器与药品** 5ml 吸管2支、试管2个、试管架1个、0.04%的溴麝香酚蓝酒精溶液。

2. 操作方法 取被检乳样3ml注入试管中，然后用滴管吸取0.04%溴麝香酚蓝溶液，小心地沿试管壁滴加5滴，使两液面轻轻地互相接触，切勿使两溶液直接混合，放置在试管架上，静置2min，根据接触面出现的色环特征进行判定，同时以正常乳作对照。

3. 判定标准 见表实-3。

表实-3 碳酸钠检出判定标准表

乳中碳酸钠的浓度/%	色环的颜色特征	乳中碳酸钠的浓度/%	色环的颜色特征
无	黄色	0.3	深绿色
0.03	黄绿色	0.5	青绿色
0.05	淡绿色	0.7	淡青色
0.1	绿色	1.0	青色

（二）过氧化氢的检出

1. 仪器与药品 1ml吸管2支、试管2支、稀硫酸溶液（1∶1稀释），1%碘化钾淀粉溶液（3g淀粉先用少量温水合成乳浊液，然后边搅拌加入沸水100ml，冷却后加入碘化钾溶液5ml，事先取碘化钾3g溶于5ml蒸馏水中）。

2. 测定方法 用吸管吸取1ml被检乳注入试管内，加1滴稀硫酸，然后滴加1%碘化钾淀粉液3～4滴，摇动混合后，观察其结果，如立即呈现蓝色，则判定为过氧化氢阳性，否则为阴性。

（三）甲醛的检出

1. 仪器与药品 5ml、1ml吸管各1支、试管2支、溴化钾小晶粒数粒、硫酸溶液（1ml水稀释5ml浓硫酸）。

2. 测定方法 取3ml稀释的硫酸注入试管中，加溴化钾小晶粒1粒，摇匀后，立即沿试管壁徐徐注入1ml被检乳，静置于试管架上，观察接触面上的环变化。如有甲醛存在，则很快出现紫色环，否则为橙黄色。

（四）乳中淀粉的检出

1. 仪器与药品 5ml吸管2支，大试管2支，碘溶液（碘化钾1g溶于少量蒸馏水中，以此溶液溶解0.5g碘，全溶后移入100ml溶量瓶中，加水至刻度）。

2. 操作方法 取样乳5ml注入试管中，加入碘溶液2～3滴，如有淀粉存在，则出现蓝色沉淀。

（五）乳中豆浆的检出

1. 仪器与药品 5ml吸管2支，2ml吸管1支，大试管2支，28%的氢氧化钾溶液，乙醇乙醚等量混合液。

2. 操作方法 取样乳5ml注入试管中，吸取乙醇乙醚等量混合液3ml加入试管中，再加入28%氢氧化钾溶液2ml摇匀后置于试管架上，5～10min内观察颜色变化，呈黄色时则表明有豆浆存在，同时作对照试验(因豆浆中含有皂角苷，与氢氧化钾作用而呈现黄色)。

(六) 乳中掺盐的检出

食盐可提高乳的相对密度，有咸味的乳必须进行掺盐的检验。

1. 仪器及试剂 20ml试管2支，5ml吸管1支，1ml吸管1支，0.01mol/L硝酸银溶液，10%铬酸钾水溶液，不同乳样2个。

2. 操作方法 取乳样1ml于试管中，滴入10%铬酸钾2～3滴后，再加入0.01mol/L硝酸银溶液5ml摇匀，观察溶液颜色。溶液呈黄色者表明掺有食盐，呈棕红色者表明未掺食盐。

三、实训作业

根据实训情况，写实习报告（操作要点、结果分析）。

实训十一　凝固型酸乳的制作

一、实验目的

通过实际操作，初步掌握酸凝乳的制作技术，能够分析凝固酸乳的质量缺陷产生的原因。

二、材料用具

1. 用具 高压均质机、高压灭菌锅、恒温培养箱、酸乳瓶、纱布

2. 材料 新鲜牛乳10kg、保加利亚乳杆菌与嗜热链球菌混合发酵剂200g、蔗糖800g。

三、方法步骤

(1) 将原料乳用4层清洁的纱布过滤入锅中，将蔗糖配成65%的糖液过滤，加入到牛乳中。

(2) 将乳预热至53℃，在20～25MPa下做均质处理。

(3) 将原料乳加热到90℃，保持15min，然后迅速冷却至42℃左右。

(4) 菌种为保加利亚乳杆菌和嗜热链球菌1∶1的混合菌种。用洁净的灭菌勺，将发酵剂表层2～3cm去掉，搅拌成稀奶油状后，倒入冷却乳中，充分混匀。

(5) 然后尽快分装于灭菌的酸乳瓶中，封口后置于42～45℃恒温培养箱中发酵至乳凝固，时间为4h左右，达到凝固状态后即可终止发酵。

(6) 将发酵好的酸乳放入于4～6℃下贮存24h即为成品。成品酸乳应在0～5℃条件下贮存。

四、实训作业

根据实训情况，写实训报告（操作要点、结果分析）。

实训十二　软质冰淇淋的加工

一、实训目的

了解制造冰淇淋的原料及其作用，进一步熟悉冰淇淋的加工方法、工艺过程和加工原理。

二、材料用具

1. **用具** 杀菌器、高压均质机、冰淇淋机、冰箱、纸杯。

2. **配料** 冰淇淋的配料示例见表实-4，选择两种不同口味的配方。

表实-4 冰淇淋配方示例 单位（%）

种类	乳粉	奶油	其他原料	蔗糖	稳定剂	乳化剂	香精	色素	水
高脂奶味冰淇淋	全脂乳粉 16	3	—	14	CMC0.2 瓜尔胶 0.2	单苷酯 0.2 蔗糖酯 0.2	鲜乳香精 0.1 炼乳香精 0.05	—	余量
中脂奶味冰淇淋	全脂乳粉 14 脱脂乳粉 10	2	—	16	CMC0.2 瓜尔胶 0.2	同上	同上	—	余量
低脂奶味冰淇淋	全脂乳粉 5	—	—	14	CMC0.2 瓜尔胶 0.2	同上	鲜乳香精 0.1 炼乳香精 0.05 香兰素 0.02	—	余量
酸奶冰淇淋	全脂乳粉 5	2	酸奶 40	15	CMC0.1 瓜尔胶 0.15	同上	酸奶香精 0.1	—	余量
果料冰淇淋	全脂乳粉 20	—	果浆 25～30	10～15	CMC0.4 瓜尔胶 0.1	同上	适量	适量	余量
蔬菜冰淇淋	全脂乳粉 10～15	—	蔬菜浆 20	12～15	明胶 0.4 卵磷脂 0.2	同上	适量	适量	余量

三、方法步骤

（一）冰淇淋机的消毒

为保障食品卫生，冰淇淋机每次使用前后，除将机器与食品直接接触的部件进行彻底清洗外，还必须进行消毒处理。冰淇淋机见图实-1。

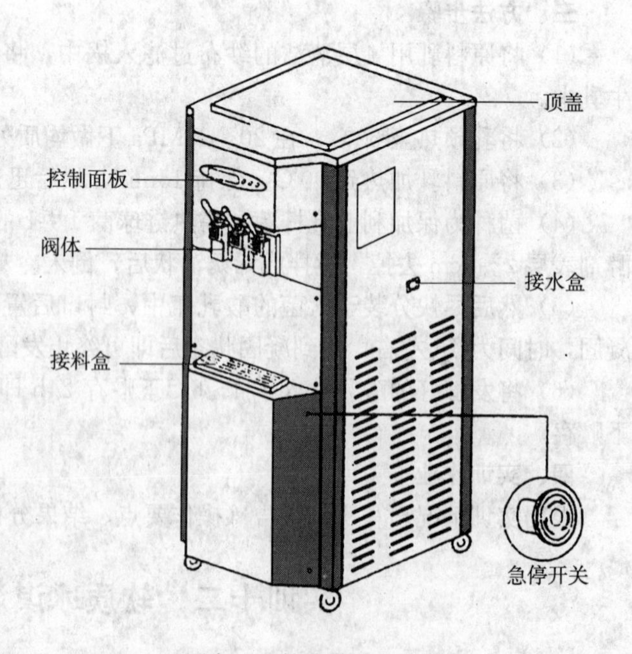

图实-1 软冰淇淋机外形

1. **存料盆及进料管的清洗** 将5L水注入存料盆中，拔除膨化管，使清水快速进入到缸体中。用毛刷将膨化管、进料管、存料盆清洗干净。见图实-2和图实-3。

2. **搅拌缸的清洗** 接通机器的电源，按“清洗”键使搅拌电机运转，搅拌轴带动缸内的水对缸体内部进行冲洗，运转3min，向下扳动手柄将水排放干净，然后手柄向上

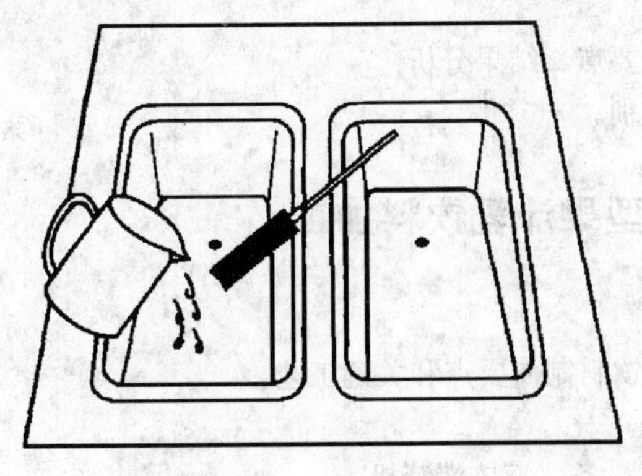

图实-2　存料盆的清洗

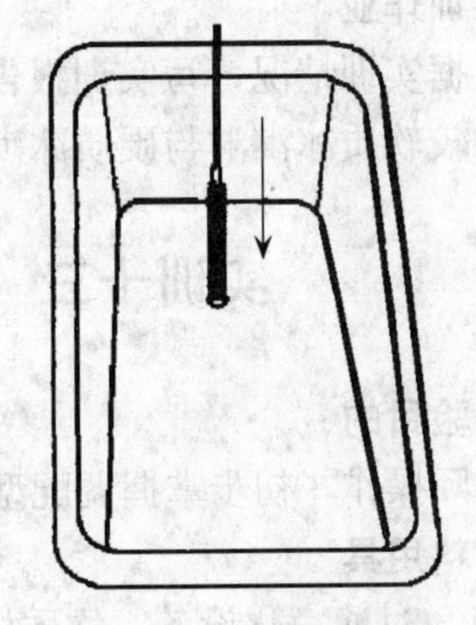

图实-3　进料管的清洗

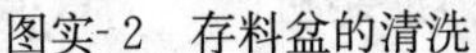

复位，按“停止”键停止清洗。重复以上步骤2～3次。清洗完毕后将膨化管安装就位。

（二）制作冰淇淋

（1）先将乳粉等加水混合后加热到65～70℃，稳定剂先用水浸泡后再加入。鸡蛋打破后加入蔗糖搅拌成均匀的蛋液，在混合料加热至50～60℃时加入。

（2）原料混合溶解后，再经充分混合搅拌，然后用细筛过滤。

（3）搅拌均匀的混合料在15～20MPa下做均质处理。均质的目的是防止脂肪上浮，改善组织状态，缩短成熟时间。

（4）原料均质后在杀菌锅中采用75～78℃、保温15min杀菌。

（5）新鲜果蔬洗净、去杂，放入1∶5 000的高锰酸钾溶液中浸泡5～10min杀菌，然后打浆、护色，用胶体磨处理，使浆料更加细腻。再将浆料加入混合料中拌匀。

（6）将混合料迅速冷却到5℃以下，老化30min。

（7）将成熟好的混合料倒入冰淇淋机中，进行搅拌冻结。可加入两种不同口味的浆料。见图实-4。

（8）将搅好的冰淇淋灌装到塑料杯内，加入水果、果仁等配料即为软质冰淇淋成品。见图实-5。

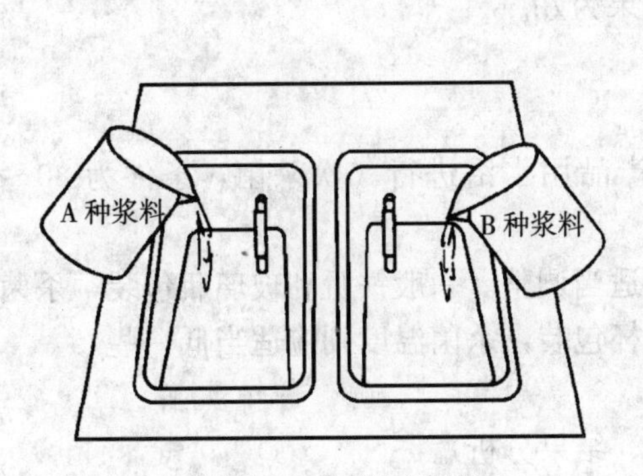

图实-4　加料示意图

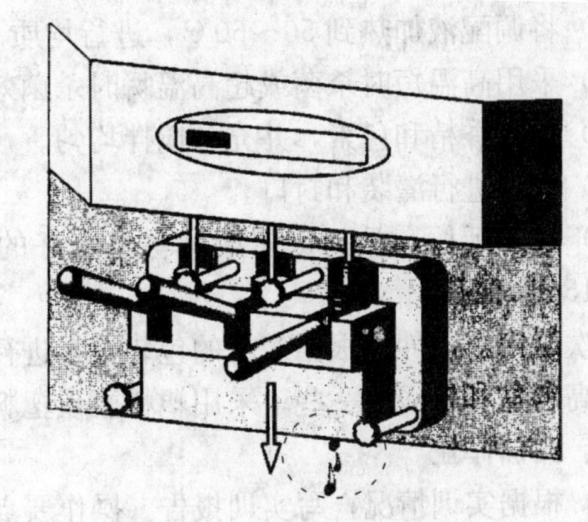

图实-5　出料示意图

四、实训作业

（1）根据实训情况，写实训报告（操作要点、结果分析）。

（2）比较软质冰淇淋与硬质冰淇淋的差别。

实训十三　调配型果汁乳饮料加工

一、实验目的

通过实际操作，初步掌握调配型果汁乳饮料制作要点和关键工艺。

二、材料用具

1. 用具　过滤净化设备、均质机、杀菌设备、液体灌装机。

2. 配方　鲜乳 7kg、柠檬酸 70～76g、纯净水 13kg、蔗糖 2kg、山梨酸钾 60g、CMC50g、PGA30g、果胶 20g、香精及色素适量。

三、方法步骤

（1）先按比例将鲜奶与水混合好或调好乳粉还原乳。生产果乳最好采用脱脂乳或脱脂乳粉的还原乳，全脂乳易造成脂肪上浮。

水质状况对产品稳定性至关重要，如原料水硬度较高，一定要进行软化处理，否则会引起蛋白质的凝固。

（2）稳定剂、蔗糖与山梨酸钾干粉混合均匀，用 60～80℃热水充分溶解后加入奶液中。

稳定剂溶解一定要充分。为使稳定剂能更均匀地分散在牛乳中，可先将加入稳定剂的牛乳胶磨或均质一遍，然后再进行调酸。

（3）将柠檬酸用温水配制成 5%～10%的酸液，然后慢慢加入到混合液中，边加边进行强烈搅拌，将混合液的 pH 调至 4.1～4.2。

加酸条件和方法尤为重要，如操作不当，易使产品分层。加酸时一定要注意三个原则：一是调酸时加酸的速度要慢，搅拌速度要快，喷洒加入更好；二是酸溶液及奶液的温度低一些好，一般控制在 60℃以下，否则容易造成蛋白质凝固；三是酸的浓度要尽量低。

（4）将调配液加热到 50～60℃，进行均质。压力为 18～25MPa。

（5）采用高温短时杀菌或超高温瞬时杀菌效果为好。

（6）加入香精和色素，并充分搅拌均匀。

（7）立即进行灌装和封口。

（8）为了延长产品的保质期可将灌装好的产品用水浴进行二次杀菌，条件为 80～85℃、15～20min。

二次杀菌的条件应根据产品的包装材料进行适当调整。一般铁听和玻璃瓶包装，杀菌温度可高一些、时间短一些；采用塑料瓶或塑料杯包装，杀菌温度则应适当低一些。

四、实训作业

（1）根据实训情况，写实训报告（操作要点、结果分析）。

（2）比较调配型果汁饮料与发酵酸乳在加工工艺和产品类型上有何区别。

实训十四　蛋的新鲜度检验

一、实验目的

通过实验掌握鲜蛋的常用检验方法。

二、材料用具

1. 用具　照蛋器，蛋盘，气室测定器，蛋液杯，游标卡尺，打蛋台，水平仪，托盘天平。

2. 材料　食盐、鸡蛋、鸭蛋。

三、方法步骤

1. 蛋的外观鉴定　感官检查蛋的形状、大小、清洁度和蛋壳表面状态及完整性；并用游标卡尺测定蛋的蛋形指数。

新鲜蛋：蛋壳完整、清洁，蛋形正常，无凸凹不平现象。蛋壳颜色正常，壳面覆有霜状粉层（外蛋壳膜）。

陈蛋或变质蛋：壳面污脏，有暗斑，外蛋壳膜脱落变为光滑，呈暗灰色或青白色。

2. 相对密度鉴定法　将蛋放于相对密度为1.080的食盐溶液中，下沉者认为相对密度大于1.080，评定为新鲜蛋。将上浮蛋再放于相对密度为1.073的食盐溶液中，下沉者为普通蛋。将上浮蛋移入相对密度为1.060的食盐溶液中，上浮者为过陈蛋或腐败蛋，下沉者为合格蛋。霉蛋也会具有新鲜蛋的相对密度。因此，相对密度法应配合其他方法使用。食盐溶液的相对密度见表实-5。

表实-5　食盐溶液相对密度

相对密度	食盐（%）	相对密度	食盐（%）	相对密度	食盐（%）
1.043 66	6	1.058 51	8	1.073 35	10
1.051 08	7	1.065 93	9	1.080 97	11

3. 灯光照检法　用照蛋器观察蛋内容物的颜色、透光性能、气室大小、蛋黄位置等，有无黑斑或黑块以及蛋壳是否完整。

4. 气室大小的测定　气室的高度用测定尺测量，见图实-6。将蛋的大头向上置于测定尺半圆形切口内，读出气室两端各落在测定尺刻度线上的刻度数，然后按下式计算：

$$气室高度（mm）=\frac{气室左边的高度+气室右边的高度}{2}$$

5. 内容物的感官鉴定　将蛋用适当的力量于打蛋刀上拷一下，注意不要把蛋黄膜碰破。切口应在蛋的中间，使打开后的蛋壳约为两等分。倒出蛋液于水平面位置的打蛋台玻璃板上进行观察。

6. 蛋黄指数的测定　将蛋打开倒于打蛋台的玻璃板上，用高度游标卡尺和普通游标卡尺分别测量蛋黄高度和宽度。以卡尺刚接触蛋黄膜为松紧适度。

蛋黄指数=蛋黄高度/蛋黄宽度

评定：新鲜蛋：蛋黄指数为0.4以上；普通蛋：蛋黄指数为0.35～0.4；合格蛋：蛋

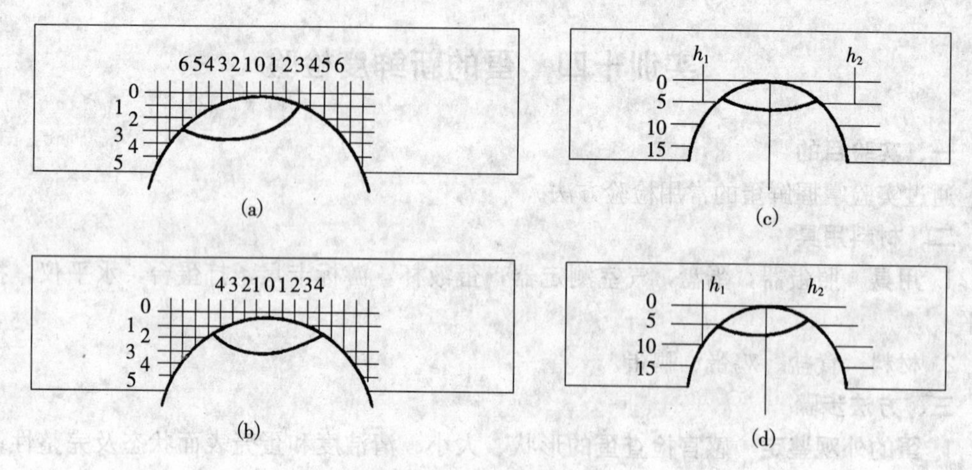

图实-6　气室测定示意

黄指数为 0.3～0.35。

四、实训作业

1. 根据实训情况，写实训报告（操作要点、结果分析）。

2. 用纸板自制蛋的气室高度测定尺。

实训十五　无铅涂膜皮蛋的加工

一、实训目的

通过实训掌握皮蛋加工的原理和生产技术。

二、材料用具

1. 用具　搪瓷缸、漏勺、台秤、托盘天平。

2. 材料　鲜鸭蛋 160 枚、生石灰 3kg、纯碱 700g、硫酸锌 20g、硫酸铜 10g、食盐 400g、红茶末 300g、凉开水 10kg。

三、方法步骤

(1) 利用感观和照蛋的方法，严格挑选蛋白浓厚、澄清，无任何斑点、斑块和蛋黄位于中心且无暗影的新鲜鸭蛋。

(2) 先将茶叶与冷清水在火上煮沸 20～30min，用纱布过滤，再放入碱、盐、硫酸锌、硫酸铜搅匀，然后冲入盛有生石灰的盆内，待其反应完全，搅匀，捞出石灰渣子，放冷待用；分别用蛋白凝固法和化学分析法测定料液碱度，要求氢氧化钠浓度为 4%～5%。

(3) 在缸底铺一层洁净的麦秸，轻轻将挑选合格的鸭蛋层层摆实放入缸内，装至距缸口 6～10cm 处，加上花眼竹箅盖，再用短木棍压住，将冷却的料液（最佳料温是 14～25℃）徐徐由缸的一边灌入缸内，直至使鸭蛋全部被料汤淹没为止。

(4) 泡制期间的管理与质量检查：

①添汤。灌料后 1～2d，由于料液渗入蛋内，以及料液中的水分逐渐蒸发，致使料液液面下降，蛋面暴露在空气中，这时应及时补足同样浓度的料液，以保持料液液面没过蛋

面，防止出次品。

②温度管理。在浸泡期间，最适宜的温度为20℃，范围为18℃～25℃。温度过低，浸泡时间延长，蛋黄不易变色；温度过高料液进入蛋内的速度加快，很容易造成“碱伤”。

③检查。泡制期间要勤检查、多观察（检查的时间和方法详见第十章第一节中的相关内容），以便发现问题得到及时解决。

(5) 经检查成熟后的皮蛋即可出缸，然后用凉开水将蛋清洗干净，晾干。用灯光透视法结合感官检查法检验，剔除次劣皮蛋。一般夏季30d，春秋45d，冬季保温在15℃以上约50d皮蛋才能成熟。

(6) 将蔗糖脂肪酸酯配成1%的溶液，放入碗或盆中，用右手蘸取少许于左手心中，双手相搓，粘满双手，然后把蛋在手心中两手相搓，快速旋转，使涂膜剂均匀微量涂满蛋壳，风干即可。经涂膜的皮蛋可贮藏6个月以上不变质。

四、实训作业

根据实训情况，写实训报告（操作要点、结果分析）。

实训十六　咸蛋的加工

一、实训目的

熟练掌握草灰加盐泥涂布法腌制咸蛋的技术。

二、材料用具

1. 用具　坛子、不锈钢盆、台秤等。

2. 材料　鸭蛋100枚、食盐700～750g、干黄土600g、冷开水400～500g、干草木灰120g。

三、方法步骤

(1) 将食盐放在容器内，加冷开水溶解。

(2) 加入晒干、粉碎的黄土细粉，搅拌成均匀的浆糊状。

(3) 检验泥浆浓稠程度：取一枚蛋放入泥浆中，若蛋一半沉入泥浆，一半浮于泥浆上面，则表示泥浆浓稠合适。

(4) 将挑选好的原料蛋放入泥浆中，使蛋壳粘满盐泥。

(5) 将蛋取出滚上一层干草木灰后放入缸中，基本装满后将剩余的盐泥倒在蛋面上，加盖密封，放置阴凉处腌制。春秋季35d左右，夏季20d左右，冬季55d左右，咸蛋可成熟。一般春季腌制的咸蛋品质较好，蛋黄易出油。

四、实训作业

根据实训情况，写实训报告（操作要点、结果分析）。

实训十七　熏卤鸡蛋的加工

一、实训目的

通过实训，使学生掌握带壳熟蛋制品的加工方法。

二、材料用具

1. 用具 台秤、托盘天平、坛子、不锈钢盆、锅等。

2. 材料 鸡蛋10kg、冰醋酸、乳酸。

腌制液配方（以10kg原料计）：蔗糖200g、食盐300g、味精100g、五香粉100g。

卤制液配方（以10kg原料计）：食盐150g、蔗糖100g、八角20g、桂皮20g、丁香5g、白酒100g、甘草10g、味精150g、焦糖色素100g、酱油125g、鲜姜130g、大葱2.5kg。

三、方法步骤

(1) 选蛋洗涤。用感官法和灯光透视法选择新鲜、完整的鸡蛋，将鸡蛋放入清水中洗干净。

(2) 将挑选合格的鸡蛋浸入15%的醋酸与15%的乳酸1∶1的混合溶液中浸泡1.5～2h，使蛋壳软化变薄，再用冷开水冲洗干净。

(3) 按配方配制腌制液，然后将蛋放入腌制液中腌制24h，使腌制液中的有关成分渗入并均匀分布于鸡蛋内部，增强风味。

(4) 熬制汤料。按卤制液配方将各种香辛料装入料袋，放入加有清水的锅内，煮沸后撇去泡沫，至料味出来后即可作为料汤使用。

(5) 卤制及腌制。在沸腾的料汤中加入定量食盐、味精、蔗糖、酱油及鸡蛋进行卤制。卤制时保持微沸1h左右，使卤汁慢慢渗入蛋内，然后将鸡蛋连同汤汁一起倒入干净的不锈钢盆内，在4～10℃下再腌制24h。

(6) 干燥。将腌制后的鸡蛋捞出，放在干燥筛子上，于温度为65℃、相对湿度为40%的烟熏炉干燥2h，干燥时要注意筛子位置调换，以使鸡蛋干燥均匀即为成品。

四、实训作业

根据实训情况，写实训报告（操作要点、结果分析）。

主要参考文献

[1] 罗红霞．畜产品加工技术．北京：化学工业出版社，2007
[2] 褚庆环．蛋制品加工技术．北京：中国轻工业出版社，2007
[3] 顾宝元．畜产品加工学．北京：中国农业出版社，2006
[4] 周光宏．畜产品加工学．北京：中国农业出版社，2002
[5] 蒋爱民．畜产食品工艺学．北京：中国农业出版社，2001
[6] 刘梅森等．软质冰淇淋生产工艺与配方．北京：中国轻工业出版社，2008
[7] 王玉田．畜产品加工．北京：中国农业出版社，2005
[8] 郭本恒．乳制品．北京：化学工业出版社，2001
[9] 张和平．乳品工艺学．北京：中国轻工业出版社，2007
[10] 吴祖兴．乳制品加工技术．北京：化学工业出版社，2007
[11] 司俊玲．蛋制品加工技术．北京：化学工业出版社，2007
[12] 龚双江．畜禽产品加工．北京：高等教育出版社，2003
[13] 张富新，杨宝进．畜产品加工技术．北京：中国轻工业出版社，2000
[14] 葛长熔，马美糊．肉与肉制品工艺学．北京：中国轻工业出版社，2002
[15] 曹程明．肉蛋及其制品质量检验．北京：中国计量出版社，2006
[16] 董开发，徐明生．禽产品加工新技术．北京：中国农业出版社，2003